U0225912

本书获得河南财经政法大学华贸金融研究院2021年度科研项目"黄河流域环境保护与经济高质量发展融合研究"（HYK–2021029）、河南省哲学社会科学规划项目"乡村振兴背景下河南农地经营模式创新与政策变量选择研究"（2021CJJ132）和河南省高等学校重点科研项目"黄河流域产业生态化与高质量发展的耦合机理与优化路径研究"（23A790018）的支持

黄河流域

RESEARCH ON THE INTEGRATION OF
ECOLOGICAL PROTECTION AND
HIGH-QUALITY DEVELOPMENT IN
THE YELLOW RIVER BASIN

弓媛媛 ◎ 著

生态保护和高质量
发展融合研究

经济管理出版社
ECONOMY & MANAGEMENT PUBLISHING HOUSE

图书在版编目（CIP）数据

黄河流域生态保护和高质量发展融合研究/弓媛媛著 . —北京：经济管理出版社，
2023. 11

ISBN 978-7-5096-9463-3

Ⅰ.①黄…　Ⅱ.①弓…　Ⅲ.①黄河流域—生态环境保护—研究　Ⅳ.①X321.22

中国国家版本馆 CIP 数据核字（2023）第 222134 号

组稿编辑：杜　菲
责任编辑：杜　菲
责任印制：许　艳
责任校对：张晓燕

出版发行：经济管理出版社
　　　　　（北京市海淀区北蜂窝 8 号中雅大厦 A 座 11 层　　100038）
网　　　址：www. E-mp. com. cn
电　　　话：（010）51915602
印　　　刷：唐山昊达印刷有限公司
经　　　销：新华书店
开　　　本：720mm×1000mm/16
印　　　张：15
字　　　数：231 千字
版　　　次：2024 年 1 月第 1 版　　2024 年 1 月第 1 次印刷
书　　　号：ISBN 978-7-5096-9463-3
定　　　价：88.00 元

前　言

新时代背景下中国经济发展已经进入了由追求"量增"转变为"质变"的新阶段，中国经济进入了提升质量、稳步增长的新常态。党的十九大明确提出，中国经济已经由高速增长阶段转变为高质量发展阶段。经济高质量发展是经济的增速和总量规模达到一定程度后发生经济结构优化、经济效率提升、发展方式转变、发展动能转换、居民生活社会结构与经济协同发展的结果。党的十九届五中全会进一步指出，经济、社会、文化、生态等各领域都要体现高质量发展的要求。党的二十大报告提出"高质量发展是全面建设社会主义现代化国家的首要任务"的重要论断。在经济发展进入全面转型攻坚期的大背景下，高质量发展离不开经济增长和生态环境保护的融合发展。

黄河流域在中国的历史文化、经济发展、地理位置各方面都具有举足轻重的地位，是中华民族的发源地、重要的经济地带、能源基地和生态屏障。2019 年 9 月 18 日，习近平总书记在黄河流域生态保护与高质量发展座谈会上着重强调，黄河流域生态保护和高质量发展，同京津冀协同发展、长江经济带发展、粤港澳大湾区建设、长三角一体化发展一样，是重大国家战略。黄河流域高质量发展与生态环境保护必须同步推进、协同发展。推动黄河流域生态保护和高质量发展，是事关中华民族伟大复兴的千秋大计。黄河流域生态保护与高质量发展上升为重大国家战略为推动新时代黄河流域实现高质量发展提供了战略思路和科学指南。

黄河流域具有重要的生态价值和经济战略地位，但黄河流域存在水土流失、沙漠化、地表采矿塌陷、水资源短缺、洪涝灾害频发等诸多生态和水文水资源难题，加上黄河流域地区发展差距大、资源禀赋差异明显、贫困人口集中、发展整体滞后等经济社会发展问题，决定了黄河流域生态文明建设和经济高质量发展建设的特殊性、长期性和艰巨性。黄河流域面临着生态环境脆弱且复杂，流域整体发展水平较低且流域内发展差距较大，经济社会发展规模与资源环境承载之间矛盾尖锐，生产力布局与生态环境安全格局不协调，资源优势尚未得到充分发挥，贫困人口相对集中等一系列亟须破解的问题。这些问题导致黄河流域经济高质量发展水平不高。黄河流域发展地位高但质量不高成为国家整体经济高质量发展的薄弱环节。实现黄河流域的高质量发展要以保护为先，要以黄河生态保护为重要的背景依据，走以绿色发展为导向的高质量发展道路，"共同抓好大保护，协同推进大治理"，统筹兼顾生态环境改善和经济高质量发展。因此，研究黄河流域生态保护和高质量发展融合既是"补短板"，也是推动全国整体经济高质量发展的必然选择。目前，推动黄河流域生态保护和高质量发展已成为国家重大发展战略，因此，推进黄河流域生态保护与高质量发展的融合发展是未来研究的重要方向，对长期以来黄河流域高质量发展具有重要的理论意义和现实意义。

在新的经济发展时期，本书以推动黄河流域生态保护和高质量发展重大国家战略为契机，立足于党中央对新时代黄河流域发展大局的科学定位以及黄河流域生态环境保护和高质量发展不协调的现实，以黄河流域九省区为研究对象，以保护流域生态脆弱性、提升流域高质量发展水平为切入点，按照"提出问题—分析问题—解决问题"的思路，全面系统地研究黄河流域生态保护和高质量发展融合的政策支撑、现实选择、理论基础、效应测度、驱动机制、经验借鉴及路径选择，回答了黄河流域生态保护和高质量发展"为何融合"、"是否融合"以及"如何融合"的问题。

全书共分为十章内容：第一章阐述了黄河流域生态保护和高质量发展融合的战略选择，从高质量发展提出的历史背景、黄河流域高质量发展的重要性以及特殊性视角分析了黄河流域生态保护和高质量发展融合的时代背景，凸显二者融合发展的必然性；进而阐释了黄河流域生态保护和高质量发展战略的提出背景、核心要义以及推进策略，彰显国家战略提出的深远意义；最后分析了二者融合发展的学术价值和应用价值，为黄河流域生态保护和高质量发展融合提供了坚实的政策基础。第二章阐释了黄河流域生态保护和高质量发展融合的现实选择。首先在分析黄河流域自然生态环境和经济社会发展概况及特征的基础上，构建评价黄河流域生态保护指标评价体系，分析黄河流域生态保护面临的现实发展困境。其次从高质量发展的内涵界定、测度方法以及研究热点方面梳理高质量发展相关研究文献，构建评价高质量发展水平的评价指标体系，分析高质量发展面临的现实发展困境；从发展现状角度进一步突出黄河流域生态保护和高质量发展融合的必然性。第三章从相关理论视角分析黄河流域生态保护和高质量发展"为什么融合"。首先从稀缺性理论、马克思主义生态观、可持续发展理论和生态文明理论分析生态保护的理论基础，从环境库兹涅茨曲线理论和绿色索洛模型两方面分析高质量发展的理论基础，进而从共生理论、能源—经济—环境系统理论和"绿水青山就是金山银山"理论分析二者融合发展的理论支撑。第四章从基础视角分析黄河流域生态保护和高质量发展"为什么融合"。随着国内外对环境保护的重视程度日益增加，相关研究经历了从生态保护与经济增长的关系研究，到生态保护和经济增长质量的关系研究，再到生态保护与高质量发展的关系研究，系统全面地为二者融合发展提供了坚实的文献支撑。第五章从作用机理视角分析了黄河流域生态保护和高质量发展融合的必要性。首先依托全书的结构分析了二者融合发展的逻辑依据，其次重点从生态保护对高质量发展的作用机理和高质量发展对生态保护的作用机理系统梳理和总结生态保护和高质量发展融合发展的作用机理，为后续章节的实证研究打下基础。第六章为黄河流域生态保护和高质量发展融合的效应测度及分析。利用耦合协调度模型测算了黄河流域生态保护和高质量发展融合的效应水平，进而分析了二者的融合效应的时空差异特征，了解黄河流域生态保护和高质量发展"是否融合"。第七章实证探究了黄河流域生态保护和高质量发展融合的驱动因素。基于已有研究选取了经济发展水平、产业结构优化水平、环境规制强度、城镇化水平、政府干预强度、对外开放水平以及技术创新水平来分析影响融合发展的驱动因素，进而实证检验了不同驱动因素对黄河流域生态保护和高质量发展融合的影响水平，探讨了黄河流域上、中、下游不同流域划分对融合水平的影响。从实证检验的角度深入探析了黄河流域生态保护和高质量发展"如何融合"。第八章为黄河流域生态保护和高质量发展融合的发展困境。在黄河流域生态保护和高质量发展水平测度结果以及二者融合效应测度的基础上，深入分析了黄河流域生态保护和高质量发展融合面临的困境，通过分析发现，黄河流域生态环境保护形势依然严峻，流域内各省区之间的高质量发展不平衡，跨流域协同治理面临种种困境。第九章利用国内外经典流域治理案例为黄河流域的开发治理提供经验借鉴。通过分析欧洲莱茵河、美国田纳西河和中国长江流域的基本情况、开发治理历程与历史成就，为黄河流域生态保护与高质量发展融合提供了经验参考。结合黄河流域自身开发治理的现状与困境，总结了黄河流域生态保护与高质量发展融合的经验借鉴，为黄河流域的融合发展提供了破解思路和路径探索，助力黄河流域实现生态保护与高质量发展融合。第十章积极探索促进黄河流域实现生态保护与高质量发展融合的顶层设计，围绕"如何融合"这一核心问题，首先分析了黄河流域生态保护与高质量发展融合的发展机遇，从总体目标、理念引领、发展动力、重点突破、全面实施及制度保障六个层面提出破解黄河流域生态保护和高质量发展融合困境的思路，重点突破流域生态保护水平提升、高质量发展提质增效以及流域间联动协同治理这三大任务，进一步完善政府、社会和市场融合治理机制、创新体制保障机制，多维共促黄河流域生态保护和高质量发展融合，对明确"如何实现融合"的重点任务、提出促进融合发展的机制保障具有十分重要的现实意义。

目　录

第一章
黄河流域生态保护和高质量发展融合的战略选择

　　党的十九大报告和中央经济工作会议明确指出，中国经济已由高速增长阶段转向高质量发展阶段，正处在转变发展方式、优化经济结构、转换增长动力的攻关期，作为新判断的"高质量发展"迅速成为政界和学术界关注的焦点。2019年9月18日，习近平总书记在黄河流域生态保护和高质量发展座谈会上强调，黄河流域是我国重要的生态屏障和重要的经济地带，必须将生态环境保护和经济高质量发展同时推进，并将其提升到国家战略层面。黄河是中华民族的母亲河，处于重要的发展地位。但随着经济的快速发展，并受制于生态资源有限、地理环境约束等因素，黄河流域呈现出生态环境脆弱、经济发展失衡等问题，城市高质量发展后劲不足。因此，为了探索黄河流域高质量发展的突破口和新契机，并实现生态保护和经济高质量发展的双轮驱动，针对黄河流域高质量发展对资源利用和生态保护提出的新要求，我们需要迫切明确黄河流域生态保护和高质量发展提出的时代背景。

第一节　黄河流域生态保护和高质量发展融合的时代背景

一、高质量发展的提出及其紧迫性

　　党的十九大报告明确指出，中国经济已由高速增长阶段转向高质量发展阶段。高质量发展问题迅速成为政界和学术界关注的焦点。新时代背景下中国经济发展已经进入了由追求量增转变为质变的新阶段，中国经济进入了质量提升、稳步增长的新常态。经济高质量发展是经济的增速和总量规模达到一定程度后发生的经济结构优化、经济效率提升、发展方式转变、发展动能转换、居民生活社会结构与经济协同发展的结果。在中国经济发展进程中，国家经济从高速增长阶段转向高质量发展阶段，是一个具有划时代意义的事件。在起草"十四五"规划和2035年远景目标建议的过程中，习近平总书记明确提出，"高质量发展不能只是一句口号，更不是局限于经济领域"。我们要深刻认识到高质量发展的丰富内涵和内在规律，其影响涉及经济、政治、文化、社会和生态文明各个领域，牵动着理念、思想、战略调整以及立场、观点、方法的变化，是一场关系中国发展全局的时代变革。而在经济发展进入全面转型攻坚期的大背景下，黄河流域的生态保护和高质量发展在生态、经济和现代化方面具有重要的战略地位。

　　2019年9月18日，习近平总书记在黄河流域生态保护和高质量发展座谈会上强调，黄河流域构成我国重要的生态屏障，是我国重要的经济地带，在我国经济社会发展和生态安全方面具有十分重要的地位，推动黄河流域生态保护和高质量发展，是事关中华民族伟大复兴的千秋大计。黄河流域高质量发展与生态环境保护必须同步推进、协同发展，并将黄河流域生态保护与高质量发展部署为重大国家战略。黄河流域高质量发展既是推动经济高质量发展的内在需要，也是促进区域协调发展的必然要求。

黄河流域在中国的历史文化、经济发展、地理位置上都具有举足轻重的地位，是中华民族的发源地、重要的经济地带、能源基地和生态屏障，具有重要的生态价值和经济战略地位。中华人民共和国成立以来，党和国家高度重视黄河流域的治理与开发，黄河流域的生态治理与经济发展也取得了显著成效。但和其他区域相比，黄河流域经济发展水平滞后且差距大、水资源紧缺、用水结构和方式不合理、流域生态环境脆弱、资源环境承载力严重不足、贫困地区较为集中、产业结构失衡、发展新动力不足等仍然是制约黄河流域高质量发展面临的主要难题，导致黄河流域高质量发展水平不高。在实现国家发展全面深刻转型的过程中，黄河流经地区面临的任务颇为艰巨，依靠资源地理优势的发展已经不再适合于新时期的经济发展。黄河流域高质量发展要以保护为先，要以黄河生态保护为重要的背景依据，走以绿色发展为导向的高质量发展道路，"共同抓好大保护，协同推进大治理"，推进黄河流域高质量发展与生态保护的协同发展，真正实现全流域大协同、大保护，让黄河成为造福人民的幸福河。

二、黄河流域发展的重要战略地位

黄河流域作为中国重要的经济地带和生态屏障，对中国的经济发展和生态安全有着不可替代的重要作用，其生态保护和高质量发展作为重大国家战略之一，凸显了黄河流域在中国经济社会发展、生态安全、粮食安全、文化建设等方面的重要发展地位。主要表现在以下几个方面：

黄河流域是经济社会发展的重要地带。黄河流域各省区经济发展态势差别较大，四川、河南、陕西、山西等中西部省份经济转型升级力度加大，处于下游的山东也面临新旧动能转换的巨大压力。同时处于黄河上游的省份及中游的陕西均属欠发达地区，具有明显的经济落后面广、经济落后人口多、经济落后程度深的特点，也是脱贫攻坚的主战场。因此，加快黄河流域生态经济带建设，实现流域上、中、下游协调发展，将在很大程度上破解经济发展差距大的问题，有助于巩固脱贫攻坚成果，对中国的经济高质量发展有重要的战略意义。

黄河流域是维护中国生态安全的重要区域。黄河流域作为重要的生态功能区，流域内草地生态系统、森林生态系统、湿地生态系统、农田生态系统和荒漠生态系统并存，具有多样性特征，部分省区还是生物多样性集中区，承担着维护国家生态安全的重任。黄河湿地具有保护水源、净化生态、蓄水滞洪等作用，总面积约为280万公顷，占全国陆域湿地总面积的8%。以河南黄河湿地为例，它在维护生物多样性、构筑生态屏障方面有着重要地位。因此，加快黄河流域生态经济带建设，不仅是黄河流域绿色发展的需要，更是确保国家生态安全的内在要求。

黄河流域是实现国家粮食安全的重点区。粮食安全始终是党中央、国务院高度关注的重大问题之一。习近平总书记多次强调，中国人要把饭碗端在自己手里，而且要装自己的粮食。确保重要农产品特别是粮食供给，是实施乡村振兴战略的首要任务。由《中国统计年鉴（2021）》及国家统计局数据计算可知，2020年黄河流域九省区粮食总产量为23868.03万吨，占全国粮食总产量的34.95%，其中，河南、山东、四川、内蒙古是国家粮食主产省，粮食产量为19467.36万吨，占黄河流域粮食总产量的81.56%。因此，立足于主产区粮食生产，加快黄河流域生态经济带建设，可以为国家粮食安全提供保障。

黄河流域是多元文化的集聚区。黄河流域是中华文明的重要发祥地和传承创新区，拥有丝绸之路文化、始祖文化、长城文化、河湟文化、仰韶文化、马家窑文化及中医药文化等传统文化，历史悠久，源远流长。中国的"十四五"规划和2035年远景目标将建设黄河国家文化公园纳入其中，流域各省区也出台了一系列管理办法和建设规划，构建黄河文化生态廊道。因此，加快黄河流域生态经济带建设，充分挖掘文化潜力，促进文化旅游业融合发展，有助于黄河流域高质量发展。

黄河流域是资源丰富的能源基地。黄河流域的煤炭、石油、天然气与有色金属资源丰富，是"北煤南运"、"西电东送"的主战场，是国家重要能源安全的支撑区。上游水能资源丰富、集中，位于青海共和县境内的龙羊峡水电站是黄河上游第一座大型梯级电站，总库容量达 247 亿立方米，作为上游龙头水电站，具有多年调节性能，可与光伏电站进行互补运行和调度，控制流域面积占黄河流域总面积的 18%，控制水量占黄河入海水量的 42%（田宗伟和李鑫业，2021）。黄河流域的大型水电站为增加中国西北电网供电量、缓解下游灌区干旱储备了宝贵水源，也为沿黄地区经济持续发展、生态恢复和改善提供了重要保障。黄河中、上游的煤炭资源得天独厚、储量丰富、品质优良。据《中国能源统计年鉴（2021）》显示，2020 年黄河流域中上游原煤产量约 30.5 亿吨，占全国煤炭产量的 78%，所拥有的特大型煤田——神府—东胜煤田是中国煤炭的重要供给地。黄河下游地区分布了胜利油田、中原油田、长庆油田等，地处东部经济发达地区，位置优越、储量丰富，是中国重要的石油生产基地。黄河流域能源开发早、规模大，为地区及全国社会经济发展提供了源源不断的动力，优化开发布局，合理确定生产建设规模，加快绿色低碳转型步伐，有利于支撑黄河流域高质量发展。

三、黄河流域高质量发展的特殊性

黄河流域高质量发展不同于全国整体上的高质量发展，也不同于某一个省区的高质量发展，是典型的大流域高质量发展，具有一定的特殊性。总体来看，黄河流域高质量发展的特殊性主要表现在以下四个方面：

（一）黄河流域生态环境脆弱且复杂

黄河的突出特点是水少、沙多，水沙异源，时空分布不均，流域环境多样化、复杂化，多年平均输沙量 16 亿吨，是长江的 3 倍，位列世界之最，黄河流域属于中国主要的农产品生产区，粮食和肉类产量占全国的 1/3（郜国明等，2020），农业用水占总用水量的 67.5%，高于全国平均水平（张慧等，2015）。此外，黄河流域在工业、城镇生活和农业生产方面还承担着河段纳污的角色，排污与纳污能力的空间与时间冲突极为尖锐。

黄河的这些特性是其难治理的根源，导致了生态环境脆弱、水资源短缺、水环境超载等突出生态问题。具体来看，一是生态环境脆弱，保护和治理能力不足。黄河流域自然环境多变，由于受到全球气候变暖和人类活动的影响，水土流失问题严重，过度放牧和不合理的土地利用使得水源涵养功能下降，生态系统功能退化。2020 年黄河流域仍有水土流失面积 26.27 万平方公里，其中黄土高原地区仍有 23.42 万平方公里水土流失面积未得到有效治理[①]。二是水资源短缺，水资源利用结构不合理。黄河流域以其占全国 2.2% 的径流量，承担着占全国 15% 的耕地和 12% 的人口的供水任务，人均水资源量是全国水平的 1/3（汝绪华，2021），水资源开发利用率高达 80%。由于大部分河道处于干旱、半干旱地区，地理跨度大，海拔差异明显，水资源的过度开发使得部分支流出现断流，甚至存在挖湖造景的情况，再加上全球气候大环境的改变，黄河流域储水能力下降，地下水和径流量持续降低，尤其是西北地区和华北地区，水资源供需矛盾更加突出，水资源形势不容乐观。三是水环境超载严重，水资源污染问题突出。黄河流域部分地区地下水超采严重，超负荷的入河污染使得城市河段污染物严重超标。在主要的农产品种植区，2021 年引黄灌溉水利用系数达到 0.5 左右，远低于发达国家的 0.7~0.8。此外，随着引黄灌区化肥农药使用量的不断增大，在水动力作用下，富集的氮磷营养物质直接或间接排入黄河，造成了严重的农业面源污染，2019 年黄河流域劣 V 类水体比例达 8.8%[②]，严重损害河道生态环境。黄河以有限的水资源和脆弱的生态系统支撑全流域多年来的快速发展，复杂的水沙关系加剧了生态治理难度，共同保护与协同治理的统一机制尚未建立，遗留问题大、治理能力不足，黄河已不堪重负（王金南，2020）。

（二）流域间及流域内经济发展失衡

黄河是中国的第二长河，流经 9 个省区，流域面积达 79.5 万平方公里，上、中、下游地区之间的经济发展差距较大，资源禀赋差距明显。

---

① 水利部黄河水利委员会.2020 年黄河流域水土保持公报［R］.2021.
② 中华人民共和国生态环境部.2019 年中国生态环境状况公报［R］.2020.

如上游地区甘肃、宁夏和青海的经济发展相对落后，2021 年地区国民生产总值分别为 10243.30 亿元、4522.31 亿元和 3346.63 亿元，位列全国地区生产总值的后 5 位。中、下游地区经济发展水平较好，如山东和河南，2021 年地区国民生产总值分别为 83095.90 亿元及 58887.40 亿元，位列全国地区生产总值的前 5 位①。由此可见，黄河流域地区之间经济发展差距较大；同时流域内部存在着发展不平衡的现象。由于黄河流域空间地理跨度大、地形地貌差异大、资源禀赋不同、人口资源分布不平衡等特殊的空间经济环境，上、中、下游内部分化较为严重，山东半岛城市群和中原城市群经济基础较好，而其他城市经济基础相对薄弱，城市群内也存在经济发展差异，这些均意味着黄河流域地区经济发展存在不均衡、不充分的问题。

（三）资源优势仍尚未得到充分发挥

在自然资源方面，黄河流域上游地区的水能资源、中游地区的煤炭资源、下游地区的石油和天然气资源都十分丰富，综合开发利用价值不容小觑。但由于地理环境的特殊性，流域以发展资源密集型产业为主，工业的粗放式发展导致资源利用效率低下，造成水资源污染，加剧对生态环境的破坏，城市化空间的快速开发导致对林地和农业用地的开发不足，最终造成工业、农业和生态空间的失衡问题。在文化资源方面，黄河流域是中国历史上 3000 多年来的政治、经济和文化中心，据不完全统计，黄河流域内的世界文化遗产（含文化景观和双遗产）有 12 处，流经省份坐落有 16 个国家历史文化名城，截止到 2019 年，流域内的国家级水利风景区有 160 处（万金红，2020）。但历史悠久、价值巨大的资源面临着巨大的保护压力，不同时期和形态的文化遗产资源叠加交错，保护难度大，文化产业发展水平普遍较低，创造性转化和发展动力不足，价值研究和宣传力度不够，与黄河流域的历史地位、文化影响、社会价值及研究深度也不匹配。因此，推动黄河流域高质量发展，需要充分挖掘其丰富的自然资源和文化

---

① 国家统计局.2021 年国家经济和社会发展统计公报［R］.2022.

资源，以生态保护为基础，带动黄河文化带建设，打造世界级历史文化旅游目的地，同时促进"一带一路"建设与黄河流域区域经济的深度融合，通过跨区域协调和汇聚优势，高质量推进黄河流域经济、文化、产业、基础设施建设和生态保护的全面发展。

（四）少数民族和贫困人口相对集中

黄河流域属于多民族聚居地区，少数民族人口占黄河流域人口的1/10，多聚居在黄河上游地区，如青海、甘肃、宁夏、内蒙古等地区。加强黄河治理保护，认真解决好流域内人民群众特别是少数民族群众关心的防洪安全、饮水安全、生态安全等问题，有利于促进民族团结与边疆稳定，也是构建"人与自然和谐共生"良性循环生态系统的题中应有之意；此外，黄河流域的贫困人口比较集中。因此，要加大政策和资金支持力度，帮助贫困地区努力提升自身"造血"功能，加快发展步伐，大力统筹城乡发展，从而加快推进黄河流域的高质量发展，提高人民群众的生活水平。

总体来说，黄河流域存在水土流失、沙漠化、地表采矿塌陷、水资源短缺、洪涝灾害频发等诸多生态和水文水资源难题，再加上黄河流域整体发展滞后、地区发展差距大、资源禀赋差异明显、贫困人口集中等经济社会发展问题，决定了黄河流域生态文明建设和高质量发展建设的特殊性、长期性和艰巨性。

四、黄河流域生态保护和高质量发展融合的必然性

2020年1月，习近平总书记在中央财经委员会第六次会议上发表重要讲话，强调黄河流域必须下大气力进行大保护、大治理，走生态保护和高质量发展的路子。推动黄河流域经济高质量发展，旨在缩小南北方不同流域内的发展差距以实现共同富裕；加强流域生态环境保护，则是规避化解生态安全风险。因此，针对黄河流域的整体发展，既要解放生产力，又要保护生产力，推进生态保护和经济高质量发展的融合是必然选择（任保平，2022）。

黄河流域面临着经济社会发展规模与资源环境承载之间矛盾尖锐、生

产力布局与生态环境安全格局不协调、流域整体发展水平较低且流域内发展差距不断扩大、各省区间发展情况和定位要求不同等一系列需要破解的问题。经济落后区、环境恶劣区及重点治理区存在区区重叠，生态保护力度不足以匹配经济发展速度等多方利益的冲突和矛盾，已经对黄河流域今后的高质量发展形成了严重制约，针对黄河流域的关键问题，结合近年出现的发展战略机遇，要打破黄河流域的发展瓶颈，必须通过统筹推进生态保护和高质量发展融合才能得以实现。

2021 年，中共中央国务院发布的《黄河流域生态保护和高质量发展规划纲要》表明，黄河流域生态保护和高质量发展重大国家战略已进入全面推进阶段，黄河流域协同大治理和共同大保护应是高质量发展的核心内涵，生态保护则是高质量发展的组成部分和目标体现之一。所以，必须统筹兼顾生态环境改善和经济高质量发展的关系，实现两者的耦合协调。同时，当前经济和社会发展正面临着从高速增长向高质量发展转变、从环境问题日益显现向"绿水青山"转变，而实现生态保护与高质量发展融合正是推动"两大转变"的核心。"绿水青山就是金山银山"理念深入人心，中国加快绿色发展给黄河流域带来了新机遇，特别是加强生态文明建设、加强环境治理已经成为新形势下经济高质量发展的重要推动力。黄河流域发展地位高但质量不高成为国家整体高质量发展的薄弱环节。因此，研究黄河流域生态保护和高质量发展融合既是"补短板"，也是推动全国整体经济高质量发展的必然选择。

第二节 黄河流域生态保护和高质量发展融合的政策支撑

黄河流域生态保护和高质量发展作为事关中华民族伟大复兴的千秋大

计，要想做到治理与发展之间的两难平衡，政策投入是关键。2019 年和 2021 年，习近平总书记在河南郑州和山东济南主持召开的黄河流域生态保护和高质量发展座谈会上均深刻阐明了黄河流域生态保护和高质量发展的重大意义，做出了加强黄河治理保护、推动黄河流域高质量发展的重大部署。黄河流域生态保护和高质量发展同京津冀协同发展、长江经济带发展、粤港澳大湾区建设、长三角一体化发展一样，是全国一盘棋中又一重要谋划，成为重大国家战略，开创了黄河流域生态保护和高质量发展的新局面。2021 年 10 月 8 日，中共中央、国务院印发《黄河流域生态保护和高质量发展规划纲要》，让这一重大国家战略实施有了顶层设计和纲领性文件，为制定实施相关规划方案、政策措施和建设相关工程项目提供了重要依据。

一、黄河流域生态保护和高质量发展战略的提出背景

黄河流域在中国经济社会发展和生态建设方面具有十分重要的地位。从古至今，中华民族始终在同黄河的水旱灾害作斗争。虽然黄河流域在水沙治理、水土流失防治、生态环境改善方面都取得了巨大成就，但仍存在一些突出困难和问题，既有先天不足的客观制约，也有后天失养的人为因素，环境保护与经济发展的失衡是亟待解决的问题。在发展中保护、在保护中发展是推进中国特色生态文明建设的把握要点，研究黄河流域生态保护是立足于生态文明建设全局下推进可持续发展的攻坚方向，更是中国特色生态文明建设的战略要求。

中国特色社会主义进入了新时代，中国经济发展也进入了新时代。新时代背景下中国经济发展已经进入了由追求量增转变为质变的新阶段，进入了提升质量、稳步增长的新常态。党的十九大报告提出的"建立健全绿色低碳循环发展的经济体系"为新时代下高质量发展指明了方向。黄河流域作为中国重要的生态屏障和经济地带，其高质量发展不容忽视，是推动国家经济社会发展整体实现高质量发展，实现区域经济平衡、协调发展的内在要求。

　　面对国内、国际形势的深刻变化、中国经济发展的资源环境约束趋紧以及黄河流域生态脆弱的现实，过去粗放的发展方式难以为继。在此背景下，黄河流域生态保护和高质量发展上升为国家战略适逢其时，既为西北内陆省区向西开放描绘了发展路线，又为中部省份经济崛起创造了有利的外部环境，更为"一带一路"倡议的纵深发展提供了有力保障。黄河作为中华文明的摇篮，流经九省区，承载着大量集聚人口，青海、甘肃、宁夏等地经济社会发展落后，中、上游地区产业发展动力不足，流域间发展不平衡，黄河流域区域协调发展迫在眉睫。在京津冀协同发展、长江经济带发展、粤港澳大湾区建设、长三角一体化发展等区域发展战略都已落子的情况下，2021年《黄河流域生态保护和高质量发展规划纲要》的出台，可谓补齐了区域协同发展的战略拼图。

　　"黄河宁，天下平。"新中国成立70年来，党领导人民开创了治理黄河事业的新篇章，创造了黄河岁岁安澜的历史奇迹。实践证明，只有在中国共产党的领导下，发挥社会主义制度优势，才能真正实现黄河治理从"被动"到"主动"的历史性转变。奋进新时代、筑梦新征程，加强黄河治理保护，推动黄河流域高质量发展，是亿万人民的共同愿望，是中国迈向高质量发展的必然要求。"共同抓好大保护，协同推进大治理"，也体现了习近平总书记对"黄河宁，天下平"这一规律的深刻把握，中国特色生态文明建设、高质量发展以及区域协同发展的战略布局是黄河流域生态保护和高质量发展战略提出的关键背景和重点目标。

二、黄河流域生态保护和高质量发展战略的核心要义

　　推动黄河流域生态保护和高质量发展，要以"共同抓好大保护，协同推进大治理"为核心思路，以新发展理念为指引，这是应对发展环境深刻变化的治本之策，是管根本、管长远、管全局的发展导向。坚持从黄河流域的实际出发，要因地制宜、分类施策、尊重规律，领会习近平总书记重要讲话精神和中央决策部署要求，坚持生态优先、绿色发展，紧紧抓住制约黄河流域高质量发展的主要问题和关键环节，系统谋划、精准施策，切

实做到生态保护和高质量发展的相互促进、相得益彰。

(一) 绿色发展

改善黄河生态环境的有效举措是综合治理，保护和发展黄河流域的根本出路是绿色发展。党的十八大以来，以习近平同志为核心的党中央着眼于生态文明建设全局，明确了"节水优先、空间均衡、系统治理、两手发力"的治水思路，黄河流域水沙治理取得显著成效，生态环境持续明显向好，发展水平不断提升，经济社会发展和百姓生活发生了很大的变化。因此黄河流域的绿色发展战略可以为黄河流域生态保护和高质量发展筑起生态之基。

要实现在绿色发展上做出表率，坚持"绿水青山就是金山银山"的理念，固土、治污、调沙、节水、增绿等一体谋划，推动上下游、干支流、左右岸等协调联动，着力系统治理、源头治理，增强上游水源涵养能力，抑制中游水土流失问题，保护下游生物多样性，同时坚持淘汰污染企业，加强对传统产业的技术改造，因地制宜地发展潜力产业，全面建立生态化、绿色化的产业结构和经济体系，推动黄河流域绿色发展，是生态保护和高质量发展融合的核心基础。

(二) 创新发展

2020 年在国新办举办的"加快建设创新型国家支撑引领高质量发展"新闻发布会上，一组数据表明了我国科技创新实现量质齐升，创新型国家建设取得重大进展。2019 年全社会研发支出达 2.17 万亿元，占 GDP 比重为 2.19%，科技进步贡献率达到 59.5%，世界知识产权组织评估显示，中国的创新指数上升至世界第 14 位。虽然中国的创新驱动发展战略取得了实效，但目前的创新能力还不能完全适应高质量发展要求，尤其是黄河流域的创新能力较为薄弱，创新驱动的可持续性不强，产业体系还存在诸多短板和弱项。面对高质量发展对资源利用和生态保护的新要求，以创新驱动落实推动黄河流域生态保护和高质量发展的国家重大发展战略是核心动力。

加强科技创新投入和支撑，实现产业创新、实践创新和制度创新。创新驱动沿黄优势产业绿色化转型、智能化升级和数字化赋能，推进新旧动能转换综合试验区、产业转型升级示范区等建设；在坚持走高质量发展的道路上，围绕促进生态保护和经济发展的紧密结合，积极推进实践创新，根据实际情况对理论应用进行适应化修改，精准施策；发挥沿黄中心城市地位优越、创新资源多、创新功能强的优势，围绕建立生态环境保护、资源节约利用等刚性约束机制和地区间、流域上下游间的利益补偿机制，建立公平、信用、规范的市场运行制度，构筑国际一流的营商环境等，探索制度创新路径，形成标准，从而实现发展规模、速度、质量、结构、效益和安全的有机统一深化改革、强化创新。

（三）协同发展

推动黄河流域生态保护和高质量发展，需要协同联动，是发展平衡和不平衡的统一，也是融合的核心关键，以系统思维推动上、中、下游互动协同，统筹推进生态保护和高质量发展，能够促进黄河流域各地区经济效益、生态效益、社会效益和政治效益最大化（任保平，2020）。首先是经济方面的协同，加强与京津冀、长三角、成渝等世界级城市群互联互通、联动发展，壮大发展山东半岛、中原、关中城市群，建设成为带动黄河流域高质量发展的增长极，差异化建设黄河流域城市群、都市圈，推动城乡统一规划、统一建设，促进制度对接和双向交融，实现共同富裕。其次是生态保护方面的协同，上、中、下游协同优化水资源配置，在上游区域要提高水土涵养的能力，防止土地退化，中、下游地区的环境治理则考虑上游地区的具体政策并结合实际情况进行调整修改，保证政策的一致性和连贯性，以治理水土流失为重点，加强对湿地、生物的保护，减少环境污染。最后是基础设施建设方面的协同，生态保护和经济高质量发展离不开基础设施的建设，便利的交通运输枢纽能够实现黄河流域各省区之间的衔接，尤其要注重运用航空运输网络体系，推动不同区域资源的优势互补，促进城市间合理分工和协同发展。

（四）开放发展

唯有大开放，才有大发展。黄河文化是中华民族的根和魂，丰富多彩、博大精深，不仅是引以为傲的历史遗产，更是推动实现以绿色为本的高质量发展的现实动能。要实现黄河流域生态保护和高质量发展，应以黄河文化为纽带，在文化、旅游、教育、科技等软实力方面与其他地区进行有效衔接，走开放发展的必由之路。一方面是对内开放，整体构建黄河文化系统展示和弘扬体系，要推进黄河文化遗产的系统保护，深入挖掘黄河文化蕴含的时代价值，打造黄河特色产品，建设黄河文化旅游带，增强吸引力，实现人才、技术等资源要素的流动；另一方面是对外开放，以"一带一路"陆路丝绸之路和海上丝绸之路为纽带，畅通陆海双向开放大通道，构建"一带一路"与黄河流域的"双循环"发展格局，以多元地域文化为本底，以跨区域文化线路为纽带，讲好"黄河故事"，延续历史文脉，坚定文化自信，加快建立投资贸易便利、吸引集聚全球优质要素的体制机制，强化与周边国家经贸合作和政治文化沟通，建设黄河流域对外开放门户（黄承梁，2022），发挥对相关国家的辐射作用。

（五）共享发展

黄河流域是打赢脱贫攻坚战的重要区域，因此实施共享发展是实现共同富裕的必然要求。沿黄流域由于经济落后人口基数大，将面临较大的返贫风险，各省区深入实施乡村振兴战略，结合自身资源禀赋和产业发展基础，大力发展特色农业优势产业，培育壮大农业龙头企业，缩小城乡差距和区域差距，扎实推动共同富裕，共享脱贫攻坚成果。同时为保证流域内发展的均衡，相关部门和政府可以利用现有资源，结合各地的实际情况，通过资源共享实现互惠共赢的目标，共同解决在经济发展和生态保护过程中遇到的问题，坚持以人为本，推进基本公共服务均等化，促进城乡资源要素自由流动，不断提高保障和改善民生水平。

三、黄河流域生态保护和高质量发展战略的纵深推进

党中央把黄河流域生态保护和高质量发展上升为国家战略以来，沿着黄河流域各省区，围绕解决黄河流域存在的矛盾和问题开展了大量工作，整治生态环境问题，推进生态保护修复，完善治理体系，高质量发展取得

新成效。中央做出全面战略部署，各省份贯彻落实，顶层设计、政策措施逐步完善，重大项目、区域合作持续推进，为黄河流域生态保护和高质量发展战略的纵深推进提供坚实保障。

（一）国家层面顶层设计

自 2019 年 9 月 18 日，黄河流域生态保护和高质量发展上升为国家重大战略之后，一系列围绕黄河流域生态保护和高质量发展的顶层设计出台，黄河流域生态保护和高质量发展的宏伟蓝图开始绘就。2020 年，新时代黄河流域生态保护和高质量发展有了新进展。1 月，习近平总书记主持召开中央财经委员会第六次会议，进一步强调要立足于全流域和生态系统的整体性，黄河流域必须下大气力进行大保护、大治理，走生态保护和高质量发展的路子；8 月，中共中央政治局召开会议，审议《黄河流域生态保护和高质量发展规划纲要》。2021 年 3 月，《中华人民共和国国民经济和社会发展第十四个五年规划和 2035 年远景目标纲要》正式印发，对扎实推进黄河流域生态保护和高质量发展做出重要部署；7 月，在山东济南召开推动黄河流域生态保护和高质量发展领导小组全体会议。2022 年 3 月，国家发展改革委负责同志主持召开推动黄河流域生态保护和高质量发展领导小组办公室专题会议，听取沿黄河九省区和各部委等相关部门关于黄河流域生态环境突出问题整改工作的汇报（郝宪印和袁红英，2021）。

同时，为统筹推进黄河流域生态保护和高质量发展，国家相关部委也在积极确保战略落地。2020 年 4 月，财政部、生态环境部、水利部、国家林业和草原局联合发布《支持引导黄河全流域建立横向生态补偿机制试点实施方案》，支持实施黄河流域生态保护修复，努力实现保护与发展共赢。2021 年 12 月，国家发展改革委联合水利部、住房和城乡建设部、工业和信息化部、农业农村部印发了《黄河流域水资源节约集约利用实施方案》，大力推动全社会节水，加快形成水资源节约集约利用格局。2022 年，文化和旅游部、国家文物局、国家发展改革委联合印发了《黄河文化保护传承弘扬规划》，为黄河文化保护传承弘扬工作的持续推进提供指引和保障。随着规划方案的不断出台，工作会议的持续召开，顶层设计也在逐步深化和完善，能够更好地助力黄河流域生态保护和高质量发展战略的实施。

（二）重大项目实施推进

重大项目是流域高质量发展的"推进器"，也是黄河人实现安澜之梦的重要基石。2020年6月，国家发展改革委、自然资源部联合印发《全国重要生态系统保护和修复重大工程总体规划（2021—2035年）》，其中19个重大工程中有8个涉及黄河流域。黄河上游部分省份已经展开对三江源、祁连山等重大生态工程建设规划的实地调研。例如，青海正在开展三江源生态保护和建设三期工程规划集中调研，并出台相关规划，充分与国家生态保护顶层设计紧密衔接。山东沿黄九市也将一体打造黄河下游绿色生态走廊暨生态保护重点项目，项目涵盖湿地保护修复、生物多样性保护、滩区湖区生态修复保护等多种类型。

2022年6月，生态环境部、国家发展改革委、自然资源部及水利部四部门联合印发《黄河流域生态环境保护规划》，从水、气、土、生态、固废等污染治理和生态保护修复方面，部署了水环境保护与治理工程、重点行业大气污染治理工程、土壤与地下水污染治理工程、生态保护修复工程等8类重点工程，为全面改善黄河流域生态环境，形成生态安全格局提供方向。

2022年7月，黄河流域视听合作发展大会发布了20余项重点合作项目，涵盖主题宣传、智慧广电、媒体融合等方面，是广播电视和网络视听行业服务融入黄河流域生态保护和高质量发展国家战略的重大创新性举措，有利于全面展示黄河文化丰富的精神内涵和当代价值。

（三）区域合作日趋紧密

为了加快推动黄河流域共同抓好大保护、协同推进大治理，各地积极主动开展合作，强化沟通协调。2020年印发的《支持引导黄河全流域建立横向生态补偿机制试点实施方案》提出，要跨省流域横向建设生态补偿机制，这是黄河流域九省区合作保护、治理黄河的有益探索。同时山东、河南这两个黄河流域经济总量最大的省份先行先试流域生态补偿机制，也对流域内其他地区起到了促进作用，摸索省际之间的区域利益协调关系，打破行政区划界限，追求各区域的共同利益，对于黄河治理十分重要。此外，按照国家"健全区域间开放合作机制"的要求，山东主动与沿黄 8 个省区会商确定了 7 个领域、102 个跨省合作事项，并相继举办"黄河流域产教联盟成立大会""要素市场化配置（山东）高峰论坛""九省区高素质技术技能人才合作交流研讨会"，扎实推动跨省区交流合作，全面推进黄河流域高质量发展。

（四）法律法规逐步完善

2020 年 6 月 5 日，《最高人民法院关于为黄河流域生态保护和高质量发展提供司法服务与保障的意见》发布，第一次在规范性文件层面明确提出构建流域司法机制的要求；2021 年 10 月，国务院常务会议通过《中华人民共和国黄河保护法（草案）》，突出加强生态保护与修复、水资源节约集约利用、污染防治等制度规定，严格设定违法行为的法律责任；11 月，最高人民检察院印发《关于充分发挥检察职能服务保障黄河流域生态保护和高质量发展的意见》的通知，并发布相关典型案例。各部门密集出台相关法律法规政策，共同抓好大保护，协同推进大治理，为黄河流域生态保护和高质量发展提供有力的法律和检察保障。

（五）分省策略布局定位

为更好地贯彻落实战略部署，推进生态保护治理、项目开发、区域建设、产业转型以及文化研究等，应立足于黄河流域各省区自身发展实际，结合各地经济基础、自然条件及生态环境等情况，做好定位，突出各地区优势，加强顶层设计。表 1-1 罗列了黄河流域九省区的战略定位及发展策略，明确黄河流域生态空间、城镇空间、农业空间以及上下游生态功能定位和目标，因地制宜地确定各省区的重点任务和发展方向，探索和创新黄河流域生态建设与经济融合的新思路、新模式。

表 1-1　黄河流域九省区战略定位和发展策略

省份	战略定位	发展策略
青海	生态保护重点区	结合实际，落实生态文明建设的长效保障机制；改善民生，提高脱贫地区发展能力和社会保障能力，促进各民族交往、交流、交融；承担源头责任，打造生态保护和经济发展的双向转化通道
四川	黄河上游生态屏障和西部经济发展高地	重点放在生态修复，强化草原湿地沙化、退化治理，保护好上游独特自然风貌和生物物种；支持全域旅游发展，强化土地、金融等政策保障，创新运用 PPP 融资管理模式，打造黄河源头地区旅游经济黄金圈
甘肃	西北生态屏障	发挥省域开放局面，联通沿黄流域省区推进西北经济一体化；大力发展新能源和绿色化工；加大生态建设和环境保护力度，加强综合治理
宁夏	黄河流域生态保护和高质量发展先行区	建设黄河生态经济带，持续落实河道治理、生态修复；加快经济转型，聚焦重点产业，建立现代生产体系
内蒙古	北方重要生态安全屏障	加大生态保护力度；推动绿色转型，发展绿色产业；提高资源利用效率，集约节约、科学配置
陕西	内陆开放高地和开发开放枢纽	打造高水平开放通道、商贸物流枢纽，加强沿海城市和港口合作，实施对外贸易多元化战略；深化金融改革，完善金融支持服务体系；加快建设创新协同自贸区；统筹推进生态保护治理，构建特色现代农业产业体系
山西	资源型经济转型发展示范区、内陆开放新高地	发展战略性新兴产业，推进产业现代化、智能化、绿色化；加快建设中心城市，发挥地理优势，构筑区域联通、要素集成的产业生态
河南	全国重要粮食生产和现代农业基地、区域协调发展战略支点、现代综合交通枢纽、华夏历史文明传承创新区	推进高标准农田建设，提升粮食生产、特色农产品开发水平；推进新型城镇化，强化以中心城市带动整体的区域协调发展；以交通枢纽为基础，巩固建设连通境内外、辐射东中西的物流通道；挖掘黄河精神的时代内涵，保护传承弘扬黄河文化；强化各产业协同驱动，促进数字经济和实体经济深度融合
山东	半岛城市群龙头引领地	发挥山东半岛城市群的龙头作用，加强与其他城市群的协同发展，建设经济增长极；加快新旧动能转换和产业升级；推进海洋经济发展，统筹陆海、河海一体化发展；打造零碳城市、园区和企业，构建黄河流域零碳发展先行区

资料来源：参考郝宪印和袁红英（2021）。

四、黄河流域生态保护和高质量发展战略的深远意义

黄河流域是中国重要的生态屏障和重要的经济地带，是打赢脱贫攻坚战的重要区域，在中国经济社会发展、生态安全保障、文化延续等方面具有十分重要的地位。推动黄河流域稳固发展，生态保护和高质量发展缺一不可，既要紧密联系实际，又要长远规划，以生态保护推进高质量发展，以高质量发展加快生态保护，相辅相成，对生态、经济、文化和社会方面的发展具有十分重要的战略意义。

（一）改善生态环境，践行绿色发展

生态兴则文明兴，生态衰则文明衰。在贯彻落实习近平生态文明思想的前提下，保护好黄河流域生态环境，促进沿黄地区经济高质量发展，有利于协调黄河水沙关系、缓解水资源供需矛盾、保障黄河的长久安澜，同时也是践行"绿水青山就是金山银山"理念、建设美丽中国的现实需要。黄河流域是国家重要的生态安全屏障区，是一条巨型生态廊道，但由于自然和人为因素的影响，黄河生态环境脆弱，水土流失严重，因此筑牢黄河流域生态屏障，既有利于减少水土流失、改善水源涵养、确保黄河生态安全，推进黄河流域高质量发展，更有利于为全流域人民提供清新的空气、清洁的水源、洁净的土壤、宜人的气候等诸多生态产品。

（二）打赢脱贫攻坚，实现稳定发展

黄河流域不仅是自然文化资源的聚集地，也是打赢脱贫攻坚战的主战场，是区域协调发展的重点地区。黄河流域目前的经济社会发展呈阶梯状分布，上游的甘肃、青海、宁夏在全国的经济排名中比较落后，推动黄河流域生态保护与高质量发展，能够促进西部大开发形成新格局、中部实现崛起和下游发达地区实现新旧动能转换、高质量发展，缩小贫困落后的西北地区与中、东部地区的发展差距，推进共同富裕，整体进入高质量发展新阶段，同时这也是贯彻落实习近平总书记在党的十九大报告中提出的区域协调发展战略的重要举措。此外，建设黄河生态经济带有利于巩固脱贫攻坚成果，建立长效脱贫机制，促进乡村振兴战略实施，也有利于维护民

族团结，实现国家繁荣稳定发展。

（三）保护文化遗产，弘扬黄河文化

黄河流域是中华文明的重要发祥地和传承创新区，文化源远流长、灿若星河，建设黄河生态经济带，推动生态保护和高质量融合发展，有利于保护传承和弘扬黄河文化，彰显中华文明，是增强文化自信、实现中华民族伟大复兴的重要抓手。黄河文化是中华民族魂之所附、根之所系，作为国家战略的黄河文化传承、保护与弘扬，是在服务于黄河流域生态保护与高质量发展大局的基础上，为黄河流域乃至中华民族的复兴提供强大的精神力量。在战略布局中，黄河文化不仅可以扩大自身的影响力，而且可以从其他地域和民族文化中汲取营养，能够为新时代中国全方位开放发展和构建人类命运共同体提供更加丰富的实践基础。

（四）保障群众安全，构建和谐社会

黄河生态保护力度的加强，可以有效改善城市及周边农村的人居生活环境，增加绿色空间，改善水质，提升群众生活质量。同时对黄河流域的粮食生产核心区实施食品安全战略，把好食品安全关，有利于确保人民群众吃上放心食品，推动社会安全发展，保障国家粮仓无虞。解决好流域内防洪安全、饮水安全和生态安全等问题，加快构建城乡一体化、城乡融合，对改善民生、维护社会稳定、构建和谐社会也具有非同寻常的意义。

统筹协调黄河流域生态保护和高质量发展，既是坚持问题导向和目标导向的科学抉择，也是有效协调黄河流域生态保护和经济发展关系的科学抉择，必将对黄河流域长远发展产生历史性影响。我们必须尊重自然规律、社会规律和经济规律，注重保护和治理的系统性、整体性和协同性，站准战略定位，保障黄河长治久安，促进全流域高质量发展。

第三节　黄河流域生态保护和高质量发展融合的价值体现

在新的经济发展时期，立足于党中央对新时代黄河流域发展大局的科学定位以及黄河流域生态环境保护和高质量发展不协调的现实，系统梳理和总结黄河流域生态保护和高质量发展的时代背景与政策战略，深入了解二者融合发展的必然性，进而探析生态保护与高质量发展融合的理论基础、文献基础与融合机制，构建中国特色的黄河流域生态保护与高质量融合发展的核心理论，进而推进黄河流域生态保护和高质量发展的耦合协调的实证研究，准确把握黄河流域生态保护和高质量发展融合的发展现状，为黄河流域高质量发展提供理论和实证支撑，进而探索适合不同流域段，不同省情、区情的高质量发展道路，对因地制宜地解决当前黄河流域高质量发展中的发展不平衡、不充分等问题具有一定的实践价值，对建立富有流域特色的现代化环境治理体系、促进区域经济高质量、协调发展具有重要的学术价值和应用价值。

一、学术价值

（一）夯实黄河流域高质量发展的理论支撑基础

黄河流域的高质量发展对地区协调和平衡发展具有重大的推动作用，是推动全国高质量发展的必然要求。黄河流域高质量发展不同于全国整体上的高质量发展，是典型的大流域高质量发展，具有区域内经济发展水平差别大、黄河流域生态环境脆弱、少数民族和贫困地区集中及自然资源、历史资源和文化资源丰富等特殊性。在深入分析黄河流域生态环境和经济社会发展现实的基础上，依托于新发展理念，明确生产方式转变、结构优化和动能转换对环境保护与经济高质量发展融合的作用，界定黄河流域高质量发展的科学内涵，坚实其理论分析基础，科学构建黄河流域经济高质量发展的理论内涵体系，能够为黄河流域高质量发展奠定坚实的理论基础。

（二）深化中国特色绿色化发展道路的理论创新

党的十九大报告指出，我们要建设的现代化是人与自然和谐共生的现代化，既要创造更多物质财富和精神财富以满足人民日益增长的美好生活需要，也要提供更多优质生态产品以满足人民日益增长的优美生态环境需要。依据黄河流域生态环境脆弱、环境问题困难重重的情况，黄河流域高质量发展必须坚持"共同抓好大保护，协同推进大治理"的战略思路，以生态保护为重点，坚持走绿色发展道路，走可持续的创新型高质量发展道路。推进生态保护与高质量发展战略，是坚持绿色向导下的高质量发展，探索绿色发展的中国道路，有利于深化中国特色生态优先、绿色发展道路的理论创新。

（三）丰富流域生态保护和高质量发展融合机制

学术界对环境保护与经济高质量发展的关系进行了丰富的研究，但缺乏对黄河流域生态环境保护与高质量发展之间融合关系的研究。而环境保护与高质量发展之间存在诸多内在联系和相互作用，黄河流域的生态保护和高质量发展就是相互影响、相互促进和良性互动的关系。随着对二者关系的深入研究，有利于丰富和创新特定区域二者融合发展的理论和作用机制，协同推进机制设计，形成"发展—保护—治理"多重均衡的协同逻辑。

二、应用价值

（一）助推黄河流域内各区域全面协调融合发展

在党的十九大报告和中央经济工作会议上，实施区域协调发展战略被党中央、国务院多次提及，其重要性不言而喻。黄河流域生态系统本身涉及自然、社会和经济的各要素，黄河流域生态系统历经沧桑，在现阶段实现生态保护与高质量发展融合的目标中面临着更多不确定的复杂因素。对于黄河流域而言，上、中、下游的区域协调体现的是增强生态能力、缩小发展差距的目标。在尊重市场选择的前提下，有效融合生态保护和高质量发展，能够全面推动黄河流域区域协调发展，使人民共享发展成果。

（二）为系统协同治理现代化提供实践经验借鉴

在新时代背景下，为深入推进国家治理体系与治理能力的现代化，治理制度体系的建设既需要遵循治理的一般规律，也需要引入现代流域治理的理念、制度、要素、体系、方式和手段等，坚持大保护、大治理与高质量发展相结合。流域内不同区域的生态环境和经济社会发展存在差异，通过充分利用黄河沿岸的上下互动、两岸腹地的左右互动，系统地考虑和反思黄河对国家和沿岸地区发展的综合作用，因地、因时制宜地选择符合上、中、下游各区域不同特色的治理模式，可以为黄河流域生态保护和经济高质量发展的政府决策制定提供科学依据，同时黄河流域治水制度体现出的管理机制、动员体制、政府行为规律等制度文化要素也可以为当前提升国家治理体系与治理能力现代化提供实践示范和重要借鉴。

（三）改善黄河流域生态保护和经济发展的问题

黄河流域是我国典型的生态环境脆弱区，自然资源禀赋短板明显、区域经济发展不平衡，落实黄河流域生态保护和高质量发展战略，有利于减少水涝灾害、改善水土流失、牢固黄河生态屏障，推进黄河流域高质量发展。通过完善主体功能区划分，有效实现黄河流域各区域生态保护和高质量发展的利益协调、功能协同，促进要素流通，增强上、下游产业关联，同时完善黄河流域技术创新平台，能够为黄河流域传统产业转型升级和战略性新兴产业发展提供动力和科技支撑。

（四）完善黄河流域相关法律法规以及配套政策

黄河流域生态保护和高质量发展是一项重大系统工程，针对战略部署的要求和提出的目标任务，围绕生态保护和修复、环境保护与污染治理、产业转型、经济社会可持续发展等重点，研究出台配套政策和综合措施，同时为保障战略的顺利实施，2021 年中共中央、国务院印发的《黄河流域生态保护和高质量发展规划纲要》中强化黄河保护、治理的法制保障，将黄河保护治理中行之有效的普遍性政策、机制、制度等予以立法确认。黄河流域生态保护和高质量发展融合可以促进法律体系和规划政策的再完善，建立更加健全的工作机制，深化体制改革，提升黄河流域生态保护和高质量发展融合的协同程度。

（五）助推构建黄河流域"双循环"新发展格局

位处"两个一百年"奋斗目标的历史交汇期，落实黄河流域生态保护和高质量发展的国家发展战略，是落实党的十九届五中全会审议通过的《中共中央关于制定国民经济和社会发展第十四个五年规划和二〇三五年远景目标的建议》的重要举措。牢牢把握百年未有之大变局所提供的战略机遇，坚定不移地以生态保护为重点推动黄河流域高质量发展，落实黄河流域高质量发展的经济福利与主观福利双共享机制，有利于全面落实加快构建黄河流域"双循环"新发展格局，全面推进社会主义现代化国家建设，向第二个百年奋斗目标进军。

（六）探索地域特色生态保护和高质量发展道路

黄河流域生态系统结构复杂、文化厚重，对中国环境保护、社会治理、经济发展乃至国计民生等都有着重要的影响，实现黄河流域生态保护和高质量发展是事关民族复兴的重大国家战略安排。黄河流经九个省区，地域广、分布杂，其高质量发展要充分平衡经济、社会、生态的互动关系，重视可持续发展和长期经济效益。生态保护和高质量发展融合的战略实施效果有利于探索具有地域特色的高质量发展道路，因地制宜地为地方政府优化环境政策、促进流域高质量发展成果共享，为其他流域治理提供实践借鉴。

本章小结

　　本章主要从战略选择视角分析黄河流域生态保护和高质量发展融合的必要性。通过对黄河流域生态保护和高质量发展融合的时代背景、政策支撑和价值体现的梳理和分析，发现黄河流域存在生态环境脆弱、经济发展失衡、少数民族和贫困人口集中、资源优势未得到充分挖掘等发展特殊性，为解决其矛盾冲突，打破发展瓶颈，需要推进黄河流域生态保护和高质量融合发展。这是一项复杂的系统工程，需要我们尊重自然规律、社会规律和经济规律，保持历史耐心和战略定力，明确黄河流域各区域、各省份的发展方向和重点任务，因地制宜地"对症下药"，发挥中国社会主义制度集中力量办大事的优越性，牢固树立"一盘棋"思想，注重生态保护和高质量发展的整体性和协同性，让黄河真正成为造福人民的幸福河。

第二章

黄河流域生态保护和高质量发展融合的现实选择

　　黄河流域在我国的历史文化、经济发展以及地理位置各方面都有着举足轻重的地位，是中华民族的发源地，重要的经济地带、能源基地和生态屏障。2019 年 9 月，习近平总书记在黄河流域生态保护与高质量发展座谈会上着重强调，黄河流域高质量发展与生态环境保护必须同步推进、协同发展，并将黄河流域生态保护与高质量发展部署为重大国家战略。虽然黄河流域具有重要的生态价值和经济战略地位，但黄河流域面临着流域生态环境脆弱、资源环境承载力严重不足、经济发展水平差距大、水资源紧缺、用水结构和方式不合理、经济落后地区较为集中、资源优势未得到充分挖掘等流域特征，导致黄河流域生态保护和高质量发展水平不高。面对这些流域的现实发展问题，要打破发展瓶颈，就需要推进黄河流域生态保护和高质量融合发展。本章深入分析黄河流域生态保护和高质量发展的现实状况，在相关文献基础上分别构建测度生态保护综合水平和高质量发展综合水平的指标评价体系，测度以及分析黄河流域环境保护和高质量发展的现状及困境，为推进黄河流域生态保护与高质量发展的融合发展提供现实基础。

第一节　黄河流域自然生态环境概况及特征

一、地理地貌

黄河流域，是指黄河水系从源头到入海这条河流所影响的地理生态区域。黄河发源于青藏高原的巴颜喀拉山北麓，北抵阴山，南至秦岭，东注渤海，全长 5464 公里，流域面积约为 79.5 万平方公里（包括内流区面积 4.2 万平方公里）[1]，是中国的第二长河。黄河自西向东横跨中国西、中、东三级阶梯，呈"几"字形依次流经青海、四川、甘肃、宁夏、内蒙古、山西、陕西、河南和山东 9 个省区，包括 116 个市（州、盟），9 个省区的土地面积为 302.23 万平方公里[2]。

黄河流域内地势西高东低，高差悬殊，形成自西而东、由高及低三级阶梯。最高一级阶梯是黄河河源区所在的青海高原，位于著名的"世界屋脊"——青藏高原东北部，平均海拔在 4000 米以上，耸立着一系列北西—南东向山脉，如北部的祁连山，南部的阿尼玛卿山和巴颜喀拉山。第二级阶梯地势较平缓，黄土高原构成其主体，地形破碎。这一阶梯大致以太行山为东界，包括黄河河套平原和鄂尔多斯高原两个自然地理区域，海拔多在 1000~2000 米。第三级阶梯地势低平，包括下游冲积平原、鲁中丘陵和河口三角洲，绝大部分为海拔低于 100 米的华北大平原[3]。

---

① 《人民网》载：黄河流域面积约 752443 平方公里；水利部网站《黄河网》则记为：流域总面积 79.5 万平方公里（含内流区面积 4.2 万平方公里）。
② 北京泛亚智库国际咨询中心．黄河流域论［EB/OL］．黄河经济带，http://hhjjd.cn/product_detail/568620.html，2022-08-22/2022-12-05.
③ 水利部黄河水利委员会．流域地貌及地理区划［EB/OL］．黄河网，http://www.yrcc.gov.cn/hhyl/hhgk/dm/lydm/201108/t20110814_103299.html，2011-08-14/2022-08-13.

黄河流域覆盖了黄土高原丘陵沟壑水土保持生态功能区、甘南黄河重要水源补给生态功能区、若尔盖草原湿地生态功能区、祁连山冰川与水源涵养生态功能区、呼伦贝尔草原草甸生态功能区、科尔沁草原生态功能区、阴山北麓草原生态功能区等 12 个国家重点生态功能区[①]。

二、气候特征

黄河流域的气候特征有其特殊性。黄河位于中纬度地带，在大气环流和季风环流的共同影响下，上游高原地区海拔高，为高原山地气候，中游为温带大陆性气候，下游主要为温带季风气候。整体来看，流域不同区域的气候差异显著，光照充足，流域全年日照时数一般达 2000~3300 小时，全年日照百分率大多在 50%~75%。太阳辐射较强，尤其是青藏高原地区，太阳辐射总量高达 1800 千瓦时/立方米；流域地区季节差异大，温差悬殊，在地形的影响下，自西向东由冷变暖；降水集中，区域分布不均、年际差异较大，受地形影响，深居内陆的宁夏、内蒙古等地的降水量较少，在季风气候影响下，流域降水量年际差异大且夏季多暴雨，降雨集中分布在夏秋两季，6~9 月降水量占全年的 70% 左右；多大风、冰雹天气，流域内的宁夏、内蒙古等地多年大风平均日数在 30 天以上，青海部分地区、内蒙古全境全年冰雹日数大多超过 2 天，是中国冰雹集中区域[②]。

三、自然资源

黄河流域是中国重要的矿产资源分布区。黄河流域中、上游地区拥有着丰富的煤炭、石油、天然气、有色金属等矿产资源。其中已探明的矿产资源有 37 种，占全国已探明的 45 种矿产的 70% 以上，主要分布在 9 个地区，分别是兴海—玛沁—迭部区、灵武—同心—石嘴山区、内蒙古河套

---

① 国务院关于印发全国主体功能区规划的通知：全国主体功能区规划——构建高效、协调、可持续的国土空间开发格局 [EB/OL]. http：//www.gov.c/zhengce/content/2011-06/08/content_1441.htm，2011-06-08/2022-08-02.

② 水利部黄河水利委员会. 气候的主要特征 [EB/OL]. 黄河网，http：//www.yrcc.gov.cn/hhyl/hhgk/qh/lyqh/201108/t20110814_103457.html，2011-08-14/2022-08-13.

区、晋陕蒙接壤区、陇东区、晋中南区、渭北区、豫西北区以及山东区①；流域含煤区域面积超过 35.7 万平方公里，占流域面积的 1/3 以上，流域煤炭资源主要分布在甘肃、宁夏、内蒙古、山西、陕西和河南 6 省，年产量约占全国总量的 70%；已探明原油、天然气基础储量分别达到 20 亿吨和 3.34 万亿立方米，占全国总基础储量的比重分别达到 34.32% 和 61.34%（石碧华，2020）；根据国家统计局数据分析，2020 年内蒙古和山东的年度发电量分别位于全国的第一和第二，山西、陕西、河南等省份的发电量皆在全国平均水平之上。

四、文化历史

黄河流域作为中华文化的文明发源地之一，承载着中华民族五千年的历史，孕育了河湟文化、河陇文化、河套文化、三晋文化、关中文化、河洛文化和齐鲁文化。其中，内蒙古有草原、森林、荒漠等的自然风光和独特的民俗风情；陕西西安、咸阳，河南开封、洛阳四大文化古都，文物遗存丰富；作为"孔孟之乡"的齐鲁大地山东，有着灿烂丰富的文化旅游资源，东部沿海地区的自然旅游资源更是得天独厚。这些各具特色的自然风光和历史文化遗迹，为流域旅游业的发展提供了丰富优质的旅游资源。

第二节 黄河流域经济社会发展概况及特征

一、区域概况

作为中国的第二长河，黄河源起于青藏高原巴颜喀拉山北麓，流经青

---

① 北京泛亚智库国际咨询中心. 黄河流域论 [EB/OL]. 黄河经济带，http://hhjjd.cn/product_detail/568620.html，2022-08-22.

藏高原、内蒙古高原、黄土高原和华北平原，一路呈"几"字形纵横5464公里奔向渤海①。自古以来，黄河不但哺育着逐水而居的华夏儿女，更深刻地影响着周边的生态环境，其流经的区域也被称为黄河流域。时至今日，黄河流域依然辽阔，东接渤海，西达昆仑，南靠秦岭，北至阴山，流经包括青海、四川、甘肃、宁夏、内蒙古、山西、陕西、河南、山东在内的9个省区和包括成都、呼和浩特、太原、西安、郑州、兰州等在内的116个市（州、盟），流域面积达79.5万平方公里（包括内流区面积4.2万平方公里）。

黄河流域幅员广阔，但是地形地貌差异较大。从西向东，流域地势由高变低。西部的平均海拔高于4000米，高山矗立，常年积雪；中部地区为黄土地貌，海拔在1000~2000米，面临着严重的水土流失问题；东部地区由黄河冲积平原组成，时常面临着洪水威胁。上中游地区的水资源短缺、极易发生生态退化的脆弱的冰川和黄土高原等、下游滩区面临的洪水威胁都是黄河流域亟待解决的问题。

黄河流域人口密集，但分布不均。根据国家统计局数据，2020年，黄河流域的常住人口高达42140万人，占全国总人口的29.8%。其中，山东常住人口最多，已经突破1亿，而青海常住人口最少，尚未达到600万。从常住人口的增长速度来看，2016~2021年，除甘肃、山西和内蒙古的常住人口有下降的态势，黄河流域其余省份的常住人口均呈现稳步上升的趋势，年均增长0.3%。

二、经济发展

党的十八大以来，黄河流域在经济建设和社会发展方面夺取了伟大胜利。几年来，黄河流域地区生产总值连年上升，人均生产总值更是稳步攀升。尤其是2020年，黄河流域生产总值达253861.70亿元，占国内生产总值的25.23%，是近年占比最高的一年。2020年黄河流域人均生

---

① 中研智业黄河流域研究院，数字规划院. 2021黄河流域城市数据报告［R］. 2021.

产总值与全国人均生产总值之间的差距也缩至 12177 元。黄河流域经济在不断向好的同时仍然存在着高质量发展不充分的问题。第一，沿黄九省区的产业结构不合理，主要以第二产业为主，第三产业占比不及全国平均水平，倚能倚重、低质低效问题较为突出，新兴产业规模不大。第二，绿色发展不足。随着城镇化和工业化进程的快速推进，环境污染严重、资源过度开发等问题逐步凸显，生态环境和经济发展之间的矛盾越来越突出，与可持续发展战略背道而驰（薛明月，2022）。第三，内部发展不平衡、不充分。受制于地理条件等原因，沿黄九省区在经济关联度、区域协同发展意识等方面仍有进步空间（黄承梁，2022）。从数据上看，2020 年，山东的生产总值为 73128 亿元，约占黄河流域生产总值的 1/3，其经济体量是九省区中最高的。紧随其后的是河南，以 54997.1 亿元的生产总值占据第二。但是青海、宁夏则相对落后，生产总值分别仅有 3005.9 亿元、3920.6 亿元。在人均国内生产总值这一指标上，黄河流域各个省区之间也是发展不均的。其中人均生产总值最高的省份是山东，为 72151 元，而最低的省份是人均生产总值为 35995 元的甘肃。由此可见，黄河流域内部发展差距较大。

三、生活水平

2016~2020 年，黄河流域各省区人民生活水平在不断提高。根据国家统计局公布的数据，从城乡人均可支配收入来看，这 5 年黄河流域各省区在这一指标上均保持稳步上升的态势。但是除山东的城乡人均可支配收入高于全国平均水平外，其余 8 省区都没有达到全国平均水平。2020 年，城乡人均可支配收入处于末位的甘肃仅为 20335 元，是山东的 61.8%，其余省区按照顺位排序分别是内蒙古、四川、山西、宁夏、山西、河南、青海和甘肃，这进一步反映了黄河流域各省份发展不平衡。不过，随着经济的发展，黄河流域各省区的生活水平差距在逐步缩小。5 年间，甘肃、青海、宁夏、陕西和四川的城乡人均可支配收入增速均高于全国水平，正在以蓬勃向上的姿态奋力追赶山东。此外，即便是作为黄河流域九省区中城乡人均可支配收入增速最慢的内蒙古，也保持着 6.91%的增速增长。

除了鼓起居民的"钱袋子"，黄河流域各省区通过实施全面参保计划、落实"双减"政策、促进教育资源分布均衡、完善医药卫生体制改革以及改造城镇老旧小区等措施，在提升人民就业水平、加强社会保障、提升教育水平、保障人民健康以及城镇化建设等方面不断发力，切实增强民生福祉，提高居民生活质量。

四、基础设施

2016~2020 年，黄河流域稳步推进各项基础设施建设，在建成区道路网密度①、公路密度②、城市轨道交通等指标上表现优异。在黄河流域的省会城市中，2020 年路网密度最高的是太原，高达 8.17 公里/平方公里，是流域唯一一座建成区路网密度超过 8 公里/平方公里的城市。路网密度最低的是郑州，仅有 3.66 公里/平方公里，是青岛的 44.8%③。2020 年，全国 36 个主要城市道路网总体平均密度为 6.2 公里/平方公里，郑州、呼和浩特、西安、银川这 4 座城市尚未达到全国平均水平。除了省会城市，黄河流域其他城市路网密度排在前十的分别来自四川、内蒙古、山西和山东。路网密度排名后十位的城市主要来自河南。黄河流域城市轨道交通整体较为落后。截至 2020 年，仅有 9 座城市开通城市轨道交通，其中成都的轨道交通长度最长，达 601.97 公里，天水的轨道交通长度最短，仅为成都的 2.1%。由此可见，黄河流域各个城市的城市交通轨道发展水平存在一定差距。在公路密度这一指标上，黄河流域各省区建设整体较好。根据中国统计年鉴的数据，2016~2020 年，黄河流域各省区的公路密度持续增长，增速为 2.1%。其中，山东和河南

---

① 道路网密度是指在一定区域内，道路网的总里程与该区域面积的比值。
② 公路密度是指一定土地面积或一定人口平均拥有的公路里程数。它反映全国或某一地区公路网的密度情况。其计算公式为：平均每百平方公里拥有公路里程数=公路里程/土地面积×100（公里/百平方公里）。
③ 中研智业黄河流域研究院，数字规划院.2021 黄河流域城市数据报告［R］.2021.

的公路密度遥遥领先，双双超过 160 公里/百平方公里，而青海的公路密度未曾超过 12 公里/百平方公里。由此可见，各省份之间的实力较为悬殊。从增速来看，最快的是四川，而最慢的是河南。

第三节　黄河流域生态保护发展状况及问题

一、黄河流域生态保护发展现状

要想了解黄河流域的生态保护水平，仅仅通过污染排放量或者反映环境保护能力的指标难以全面地反映其水平，因此有必要构建综合指标评价体系来科学、全面、系统地衡量黄河流域生态保护发展的水平。

（一）评价指标体系构建

1. 指标选取及说明

关于生态环境保护水平的衡量，较多学者采用环境污染指标来表征（李强，2017）。这主要是由于废水、废气及固废排放是中国目前环境污染的主要来源；黄河流域生态环境污染和水资源短缺是生态环境保护工作的重中之重（石涛，2020），因此，辛韵（2021）从污染综合治理能力和水资源可持续能力两方面来构建生态环境保护评价指标体系。然而，生态保护水平不仅体现在环境遭受污染的情况，还离不开环境自身的抗逆水平以及人为的保护程度。因此，本书根据综合性、客观性以及可获得性原则，从以上三个角度来构建衡量生态保护水平的指标评价体系。表 2-1 为黄河流域生态保护综合水平的指标评价体系，整个指标评价体系包括 1 个目标层，3 个准则层，共由 9 个指标构成。

表 2-1　黄河流域生态保护评价指标体系

目标层	准则层	次准则层	指标说明	指标属性
生态保护综合水平	生态环境自身抗逆水平	资源保有量生态环境条件	建成区面积（平方公里）	正
			建成区绿化覆盖面积（公顷）	正
	生态环境承受压力水平	环境遭受污染与消耗情况	工业废水排放量（万吨）	负
			工业二氧化硫排放量（吨）	负
			工业烟（粉）尘排放量（吨）	负
	生态环境人工保护水平	环境保护水平与修复力度	工业烟（粉）尘去除量（吨）	正
			一般工业固体废物综合利用率（%）	正
			生活垃圾无害化处理率（%）	正
			污水处理厂集中处理率（%）	正

如表 2-1 所示，具体来看，生态环境自身抗逆水平反映了黄河流域的资源保有量以及生态环境条件，取决于生态环境的复杂程度、生态环境的规模大小，其复杂程度越高、规模越大，即绿化覆盖面积比例越大，自身抗逆水平越高。根据数据的可获得性，城市建设用地面积（市辖区（市区））的统计数据有较多缺失，故采用建成区面积（平方公里）来替代。此外，鉴于山东和河南的"建成区绿色覆盖面积（公顷）"数据与其他省份数据的单位不统一，因此采用"建成区绿化覆盖面积（公顷）"来表征。

生态环境承受压力水平反映了在经济发展过程中生态环境遭受破坏的程度，通常采用工业污染排放的指标来衡量。根据数据的可获得性，本书选取工业废水排放量（万吨）、工业二氧化硫排放量（吨）以及工业烟（粉）尘排放量（吨）来表示。

生态环境人工保护水平体现了人类对生态环境保护所采取的措施与努力，常用生产生活活动的排污量、无公害处理率、循环利用率等来衡量。根据数据的可获得性，本书从生产和生活两个角度，分别采用工业烟（粉）尘去除量（吨）、一般工业固体废物综合利用率（%）、生活垃圾无害化处理率（%）和污水处理厂集中处理率（%）来多维地衡量对生态环境进行的保护和修复力度。

2. 数据来源及说明

黄河流域横跨中国西部、中部和东部三大区域，在全国的经济、文化、生态等各个方面占据重要地位。但是受到流域内各区域地形、地势和河流运输能力的影响，整个黄河流域内部的联系并不紧密。此外，由于青海的果洛州、海北州、海南州、海西州和黄南州，甘肃的临夏州、甘南州，内蒙古的阿拉善盟等地区的数据缺失较多，所以，本书以黄河流域地区的山东、河南、山西、陕西、甘肃、青海、内蒙古和宁夏 8 个省区中的 70 个地级市（州、盟）作为黄河流域地区的研究范围。根据数据的可获得性，选取 2010~2018 年的相关数据进行融合水平测度。各指标变量的原始数据来源于国家统计局、EPS 的《中国城市数据库》《中国城乡数据库》《中国区域数据库》和各省份的统计年鉴及其他公开资料。

（二）生态保护水平现状及分析

1. 生态环境自身抗逆水平

由表 2-1 可知，本书用建设用地面积和建成区绿化覆盖面积两个正向指标分别表示资源保有量和生态环境条件，以此来刻画黄河流域本身的环境抗逆水平。图 2-1 呈现了 2010~2018 年黄河流域地级市的建成区面积和建成区绿化覆盖面积的变动趋势。从整体上看，在过去的近 10 年间，无论是建成区面积还是建成区绿化覆盖面积均呈现上升趋势。随着城镇化的发展，黄河流域城市的建成区面积不断扩大，绿化面积也逐年增加，但其增加幅度低于建成区面积增加的幅度，这说明黄河流域的绿色化水平有待提升，环境抗逆水平不高。

2. 生态环境承受压力水平

由表 2-1 可知，本书以工业废水排放量、工业二氧化硫排放量、工业烟（粉）尘排放量三个负向指标来表示环境遭受污染与消耗情况来衡量黄河流域的环境承受压力水平。由图 2-2 可以看出，2010~2018 年黄河流域工业废水排放量、工业二氧化硫排放量和工业烟（粉）尘排放量三项指标整体上都呈波动下降趋势，说明随着生态环境保护观念被普遍接受和绿色生产技术的不断提高，工业生产的"三废"排放量明显下降，区域环境承

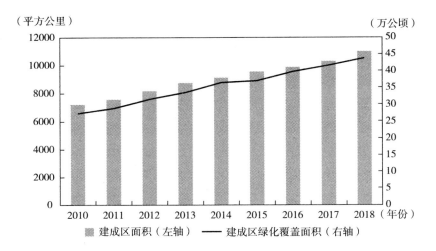

图 2-1　2010~2018 年黄河流域地级市生态环境自身抗逆水平

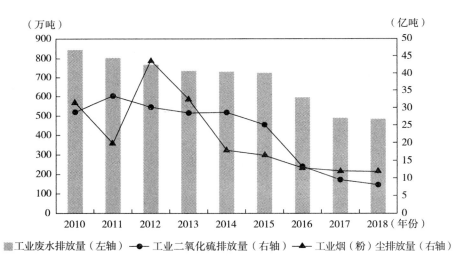

图 2-2　2010~2018 年黄河流域地级市生态环境承受压力水平

注：工业二氧化硫排放量和工业烟（粉）尘排放量的数据呈现在主坐标轴上，工业废水排放量的数据呈现在次坐标轴上。

受的压力水平也得到了一定程度的改善。其中工业烟（粉）尘排放量从

2014 年开始，下降趋势明显趋于平缓。这可能是由于自 2014 年起工业烟（粉）尘排放量统计中加入了无组织排放量，无组织排放大多为企业在露天作业或废物堆积等直接排出的废气污染物，无序、无规且不集中的特点也使得难以对其进行集中处理。所以无组织排放量的加入使得工业烟（粉）尘排放量下降趋势变缓。此外，由于黄河流域高排放、高污染的重化工业分布集中，工业烟（粉）尘排放量的基数大，受此阶段技术水平的限制，对工业废气排放的减排也遇到了一定的瓶颈。总体来看，黄河流域工业污染排放量呈下降趋势，但下降的速度逐渐放缓。

3. 生态环境人工保护水平

环境保护水平与修复力度分别用黄河流域各地级市的工业烟（粉）尘去除量、一般工业固体废物综合利用率、生活垃圾无害化处理率以及污水处理厂集中处理率四个正向指标进行表标。这四个指标分别代表着人们的生产、生活所造成的空气、土壤、固体废弃物和水等污染的修复水平。从图 2-3 可以看出，2010~2018 年，黄河流域环境修复水平整体上少有改善。其中，生活垃圾无害化处理率、污水处理厂集中处理率的变动趋势整体一致，呈平缓上升状态，且在 2018 年，生活垃圾无害化处理率和污水处理厂集中处理率皆达到 95% 以上；然而，一般工业固体废物综合利用率在 2010~2015 年变化不大，上升幅度较小，2018 年之后逐年递减；工业烟（粉）尘去除量呈波动上升趋势，2013 年有所下降，但随后逐年缓慢上升。说明黄河流域在以高耗能、高污染的重化工产业为主导的生产结构下，环境污染治理取得了一定成效，但仍较滞后于流域的产业经济发展。

4. 生态保护综合水平

根据表 2-1 计算黄河流域生态保护水平，然后按照表 2-2 将黄河流域生态保护水平划分成 6 个等级进行分析。黄河流域生态保护水平整体不高，呈现逐渐改善且空间差异逐渐减小的趋势（见图 2-4）。2012 年黄河流域生态保护水平处于低等水平、低等偏上、中等水平及中等偏上的城市分别占比 38.57%、40%、17.14% 和 4.29%，到 2015 年的 24.28%、51.43%、20%

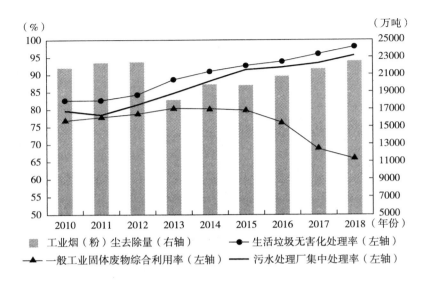

图 2-3　2010～2018 年黄河流域地级市生态环境人工保护水平

和 4.29%，再到 2018 年的 17.14%、52.86%、25.71% 和 4.29%，可以看出研究期间内黄河流域的生态保护水平得到了明显提高，低等水平的城市占比大幅度下降，低等偏上水平的城市明显增多，中等水平的城市占比有了显著增加，但中等偏上水平城市的比重却没有提高，比较稳定。一直都处于中等偏上水平的城市为：济南（2018 年：0.815）、郑州（2018 年：0.789）、淄博（2018 年：0.619）。这说明黄河流域生态保护水平近年来得到了持续提高，但大多数都是初级阶段的普及性提高，拔高型的提高仍然较少，处于较高生态保护水平的城市均为下游的省会城市和核心城市。

表 2-2　黄河流域生态保护综合指数划分

综合指数	(0, 0.15]	(0.15, 0.3]	(0.3, 0.5]	(0.5, 0.7]	(0.7, 0.85]	(0.85, 1]
发展水平	低等水平	低等偏上	中等水平	中等偏上	上等水平	极佳水平

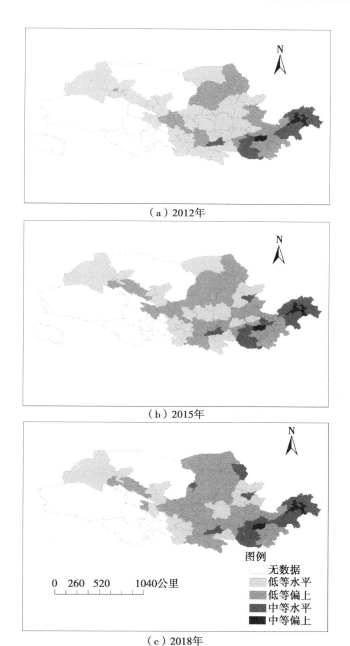

（a）2012年

（b）2015年

图例
无数据
低等水平
低等偏上
中等水平
中等偏上

0 260 520 1040公里

（c）2018年

图2-4 黄河流域部分年份的生态保护综合水平

黄河流域生态保护水平的空间分异特征明显。整体呈现从西部到东部逐层提高、少数核心城市多极崛起的特点。形成这样的空间特征的主要原因是黄河流域上、中、下游自然环境差异较大，经济发展水平与城市发展所处阶段不同。上游生态环境脆弱、经济发展水平较低，环境自身的抗逆水平和人工修复水平都比较低，相应的生态保护水平较低；中游城市与下游城市相比，虽然生态环境水平相差不大，但中、下游城市的发展方式和所处发展阶段不同，中游城市大多依靠黄河流域能源资源优势发展高排放、高消耗的粗放型重工业，而下游城市依靠自身区位优势发展集约型经济，注重商业、旅游业发展，对环境的污染性较小。所以出现了生态保护水平的区位分异。

对黄河流域上、中、下游分开进行研究发现：上游与下游的生态保护水平提升较为平稳，未出现大范围跨阶段式提高，发展水平相对稳定。中游城市生态保护水平在研究期间内出现跨阶段式提升，环境保护提升成果显著。如图2-5所示，2012~2015年、2015~2018年两个时间段内黄河流域中、下游城市的生态保护水平提高程度都显著高于上游城市的，但少量生态保护水平下降的城市也集中出现在中、下游。而且2015~2018年的整体增长幅度低于2012~2015年的。其中两个时间段内发生连续增长且提升幅度最大的三个城市是石嘴山、中卫和潍坊，环境保护指数的增加都超过了0.1。

二、黄河流域生态保护面临的问题与挑战

（一）流域生态环境保护水平差异较大

由上文的测度结果分析可知，黄河流域生态环境保护水平在不同区域间的差异较大，整体呈现自西向东逐步递增的发展趋势。这主要是由黄河上、中、下游的自然环境、产业结构、经济发展水平等方面共同影响所形成的。黄河上游水源涵养区域生态环境脆弱，使得区域发展受到限制，以畜牧业发展为主的产业结构加剧区域环境承载力的负担。生态环境自身抗逆水平低、承受压力水平高、人工保护水平低使得上游生态环境保护水平

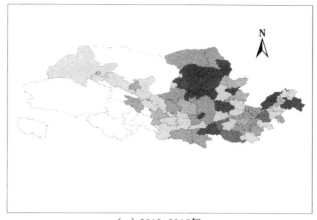

（a）2012~2015年

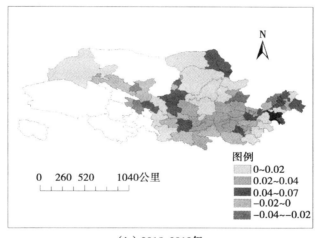

图例
0~0.02
0.02~0.04
0.04~0.07
-0.02~0
-0.04~-0.02

0 260 520 1040公里

（b）2015~2018年

图 2-5 黄河流域分时段的生态保护综合水平对比

整体偏低；黄河中游地区重化工业占比较高，高排放、高污染企业集中分布，生态环境承受压力水平较高。近年来，随着环境治理措施的完善，生态环境人工保护水平也得到了一定提高，但是倚能产业结构调整以及绿色科学技术水平的提高仍是克服生态环境问题的关键；黄河流域下游平原地区生态环境自身抗逆水平较高，制造业、旅游业以及农业多元发展，环境污染排放相对较少，生态保护水平整体处于较高水平。

(二) 流域自然生态环境问题复杂多样

1. 生态退化问题突出

黄河流域作为中国重要的生态屏障，在全国生态安全格局中具有非常重要的地位。但流域的生态环境非常脆弱，水土流失、土地荒漠化、水资源供需矛盾、洪涝灾害频发、环境污染严重等问题突出，是世界上复杂难以治理的河流。黄河上游是以畜牧业为支柱型产业的区域，过度放牧、乱砍滥伐等生产性活动使得区域生态系统失衡，以玛曲县为典型的草场退化、沙化、盐碱化现象严重，退化率高达90%，涵养水源能力严重下降；在中游的山西、陕西、内蒙古等矿产资源集中分布区域，大规模的矿产开采使区域地下水位大范围、大幅度疏降，加速流域的荒漠化进程；下游的油气等工业开发以及农业围垦导致湿地面积锐减。近30年来，入海口黄河三角洲自然湿地萎缩，约减少52.8%（韩广轩等，2019）。流域水土流失严重。黄河中游流经黄土高原，由于黄土高原植被稀疏，表面覆盖的黄土多呈细颗粒状，土质疏松，吸附能力低，夏季降水集中，在雨水冲刷下携带大量泥沙流入黄河，秋冬季又多大风天气。水力侵蚀和风力侵蚀的双重作用，再加上煤炭、石油、铝土矿等矿产资源开发对地表进一步产生破坏，黄土高原水土流失日益严重，逐渐形成支离破碎、沟壑纵横的地貌特征。

2. 流域洪涝灾害频发

渭河、汾河等黄河的支流流经黄土高原携带大量泥沙流入黄河，下游黄淮海平原地势平坦，水流流速减缓、河道变宽，加上三门峡、小浪底等水库的调节作用，洪峰与洪量减小，泥沙的输送动力减弱，致使黄河下游泥沙沉积形成"地上悬河"，造成河道淤堵决堤；并且在季风气候的作用下，极端天气发生的概率增大（耿思敏等，2012），夏季暴雨集中使黄河发生洪涝灾害的风险也随之加大，流域人民常年受洪涝灾害威胁。

3. 流域水资源短缺

黄河流域主要处于干旱半干旱地区，降水季节差异大、总量小。作为粮食主产区之一，黄河流域粮食播种面积占全国粮食播种面积的比例为36.03%，其灌溉用水主要依赖于黄河流域地表水。据《黄河水资源公报》①统计，2020 年黄河流域地表水开发利用量为 421.17 亿立方米，其中农业用水高达 286.84 亿立方米，占总量的 67.3%；工业用水 41.52 亿立方米，占 10.8%；生活用水 51.88 亿立方米，占 10.8%。黄河流域水资源开发率高达 80%，远远高于流域 40%的生态警戒线，人均水资源占有量却仅为全国平均水平的 27%。农业灌溉用水、工业生产用水以及生活用水等的高需求、低效率持续加剧黄河流域水资源供需矛盾。

4. 流域水污染问题加剧

黄河流域又被称为"能源流域"，煤炭、石油、天然气和有色金属资源丰富，煤炭储量占全国一半以上，是中国重要的能源、化工、原材料和基础工业基地。煤炭开采、煤化工产业、有色金属制造业、食品加工业等高耗水、高污染产业分布集中。使水资源仅占全国 2.6%的黄河，废污水排放量却占到全国约 6%，化学需氧量（COD）排放量占到全国的 7%（郭晗和任保平，2020）。此外，流域上游的畜牧业和下游的农业集中发展，大量的农药喷洒、化肥施肥以及禽畜粪便等不断增加水体的自净负担，再加上生活废水的大量排放，使黄河流域水资源质量不断下降。单一的产业结构、较为粗放的生产方式和严重滞后的治污能力使黄河流域水污染不断加剧升级。

（三）流域生态资源环境的承载力不足

黄河流域生态退化、水土流失、水资源严重短缺等问题形势不容乐观。一方面，流域本身的生态环境脆弱，这是由黄河流域的地势地貌、气候、海陆位置等自然因素所决定的，尤其是黄河上游水源区以及干旱半干旱地带的草场畜牧业发展区域，植被稀少，脆弱性尤其突出；另一方面，资源环境高负载成为黄河流域的发展常态，流域的产业结构以农业与矿产资源开发业为主，农业发展历史悠久，流域内土地资源、矿产资源、水资

---

① 黄河水利委员会. 黄河水资源公报（2020）［EB/OL］. 黄河水文，http://hwswj.com. cn/news/show-203698. html，2021-11-05/2022-08-03.

源等长期处于高强度、低效率的开发状态，粗放的发展方式对黄河流域生态环境和资源环境承载力提出严峻的挑战。黄河以占全国2%的水资源量，承载着全国12%的人口、15%的耕地和超过50%的能源储备，成为中国粮食矛盾和工业用水矛盾的聚焦地，水资源开发利用率已超80%（张金良，2022）。黄河流域绝大部分矿产城市均处于生态环境脆弱区，而且在矿产资源开发过程中，露天开采和地下开采会造成土壤剥离、植被破坏以及大量工业固体废弃物的堆积，直接威胁着流域原本脆弱的生态环境。总的来看，黄河流域生态环境本地脆弱性叠加高负载的资源环境，使黄河流域生态环境长期处于高压下，生态保护成为实现流域可持续发展的基本出发点。

（四）流域生态环境现代化治理水平低

黄河流域空气污染、洪涝灾害、水污染等生态环境事件高发，然而现有的治理能力、治理体系严重滞后，灾害监测、预防、应急等措施不完善，能源丰富、重化工业发展造成由细颗粒物组成的大气污染，使黄河流域居民长期受雾霾天气的困扰，流域空气质量监测体系尚待完善。此外，黄河流域中下游黄淮海平原长期处于水患灾害的威胁之中，夏季受季风气候影响，暴雨集中，流域水态监测与应急措施的结合与能够有效预防洪涝灾害，降低流域人民因水患灾害造成的经济损失。黄河流域人口集中，人类经济活动造成大量工业废水、农业废水以及生活污水的排放，水污染问题严重。特别是下游黄淮海地区，饮用水有害物严重超标，居民群众的饮水安全受到影响，身体健康受到威胁。但是流域内治污设施和技术落后、城镇污水处理能力不足、农村污水处理设施利用率低、污水处理厂超标排放、政府监管难度大等问题难以解决。整体来看，黄河流域空气质量、水质、水态检测设备不齐全、技术落后，灵活性、机动性差，监测数据共享网络体系尚未形成，难以应对区域、跨区域的重大性环境突发事件。生态环境生态治理能力严重滞后，生态补偿机制建设缓慢，治理能力、治理体系现代化建设迫在眉睫。

（五）流域生态协同治理机制不够健全

由于黄河流域横跨9个省区包括了多个地级市，自然分布的流域经人为分割后按行政区划进行管辖，不同的行政区域内生态治理标准、政策存在差异，而且在黄河流域的上、中、下游，南北两岸，不同的行政区域为了地方发展利益，可能会忽视流域整体利益，增加了流域的综合治理难度。同时，流域生态环境管理部门多元化、分散化导致流域环境监管困难。在黄河流域生态治理中，涉及生态环境部门、水利部门、交通部门、农业部门、自然资源部门等多个管理部门，由于各个部门之间缺乏信息共享和沟通渠道，产生了"管水量的不管水质，管水源的不管供水，管供水的不管排水，管排水的不管治污"等分割管理的问题。不同管理部门在面对问题时，站在各自的利益视角下极易产生互相推诿不作为、流域协调机构难以履行协调职能等问题。

第四节　黄河流域高质量发展状况及困境

科学地认知高质量发展的内涵是明确发展思路、把握当前阶段发展方向的重要前提，也是制定与实施发展战略的首要步骤。因此，本节先对高质量发展相关研究进行梳理与总结，在此基础上构建黄河流域高质量发展的指标评价体系，测算并分析黄河流域高质量发展的时间演变趋势以及空间演变特征，进而分析黄河流域高质量发展面临的现实困境，为后续的黄河流域生态保护和高质量发展融合测度以及顶层设计打下坚实的基础。

一、高质量发展相关研究梳理

在对国内外相关研究文献分析与梳理的过程中发现，自高质量发展概念被提出以来，受到了学者们的关注。根据 CNKI 学术关注度①统计数据，2021 年高质量发展中文相关文献量为 16650 篇，环比增长 49%；外文相关文献量为 87 篇，环比增长 30%。此外，关于高质量发展的媒体关注度②和学术传播速度③也在逐年提升。相关研究主要围绕高质量发展的内涵、测度相关研究。基于此，本书在对国内外研究文献分析的基础上，从高质量发展的内涵界定、测度方法以及黄河流域高质量发展相关研究开展综述。

（一）高质量发展的内涵研究

深入理解高质量发展的内涵，需要明确高质量发展与经济增长、经济增长质量等概念的区别。

国内外研究对高质量发展的内涵界定始于"经济增长质量"。Barro（2002）从预期寿命、生育率、环境条件、收入公平性、政治制度以及宗教信仰等角度对经济增长质量进行了探讨。Mlachila 等（2016）认为，对发展中国家而言，增长率更高、更持久的社会友好型增长是高质量的增长。周振华（2018）提出，通过社会再生产过程中的创新型生产、高效性流通、公平公正分配、成熟消费之间高度协同，不断提高全要素生产率，实现经济内生性、生态性和可持续性的有机发展。

随着研究的深入，学者们开始研究"高质量发展"。深入理解高质量发展的内涵需要明确经济高质量发展与经济增长、经济增长质量等概念的区别。不同于经济高速增长阶段所表现出的"总量增长"和"速度提升"的特征，高质量发展具备创新性、协调性、生态性、高效益的发展特征，是"质"与"量"的统一。而与经济增长质量相比，高质量发展的内涵更加丰富，高质量发展不仅包含经济质量，还包含社会民生及生态环境的发展质量，是经济增长质量的高级质态。任保平（2018）提出高质量发展是比经济增长质量范围宽、要求高的质量状态，涵盖了经济因素、社会因素

---

① 来自 CNKI 知识元检索指数，学术关注度指篇名包含"高质量发展"关键词的文献发文量趋势统计。

② 篇名包含"高质量发展"关键词的报纸文献发文量趋势统计。

③ 篇名包含"高质量发展"关键词的文献被引量趋势统计。

和环境因素等。

党的十九大报告中将经济高质量发展的内涵拓展为新时代中国特色社会主义思想和基本方略，该方略提出要在践行中国特色社会主义思想的前提下，实现以人民为中心、社会改革、新发展理念、依法治国、建设生态文明等目标，从而促进整个社会平衡发展。学者们结合党的十九大报告中对经济高质量的表述，从系统全面推进经济发展的角度对经济高质量发展的内涵做出界定。学者们一致认同，经济高质量发展并不单单指经济发展的速度和质量，更意味着要在经济、政治、文化、社会、生态等方面进行全面提升。

在新时代发展背景下，经济高质量发展的内涵多以"创新、协调、绿色、开放、共享"的新发展理念为导向。金碚（2018）结合新时代发展的新特征，吸收和继承了创新、协调、绿色、开放、共享新发展理念的理论精髓，包含经济、政治、社会、生态、文化等领域的全方位、协调发展（任保平，2018），以满足人民日益增长的美好生活需要为目标的高效率、公平和绿色可持续的发展（张军扩等，2019）。

综上，高质量发展的内涵是被赋予时代特征、考量诸多因素的概念，是符合新时代背景的必然产物。高质量发展的内涵是一个综合含义，是新时代背景下，以"创新、协调、绿色、开放、共享"新发展理念为指导，以满足人民美好生活需要为最终目标，通过高质量投入、高质量产出、高质量分配、高质量消费四大环节，实现经济、政治、社会、生态、文化等领域的全面的、系统的、协调的、可持续的发展。

（二）高质量发展的测度研究

在经济增长质量和发展质量测度的研究基础上，学者们对高质量发展的测度方法研究开始得到不断发展，高质量发展的测度对科学地衡量高质量发展水平，为相关政策的制定、实施、评估以及预测有重要的指导意义。学术界基于对高质量发展内涵的理解，主要采用单一指标评价和指标体系评价两种方法来测度高质量发展水平。

1. 单一指标评价法

在采用单一指标来测度经济增长质量的研究中，较多是从全要素生产率视角来表征的。这类方法的优点在于在定量测算的同时，能很好地反映经济增长的质量。郑玉歆（2007）提出提高全要素生产率增长对经济质量的贡献率应是中国经济发展的一个重要目标，技术进步推进全要素生产率提升，若经济运行情况与此目标发生背离，则不是所期望的，便可认为经济增长质量不高。赵可等（2014）利用 DEA 方法测算出全要素生产率增长指数用于反映经济增长质量。

在经济增长质量和发展质量测度的研究基础上，一些学者利用全要素生产率（张月友等，2018；贺晓宇和沈坤荣，2018；刘思明等，2019）、技术进步对经济增长的贡献率（徐现祥等，2018）、福利碳排放强度（肖周燕，2019）等单一指标来衡量经济高质量发展水平（聂长飞和简新华，2020）。其中，考虑到经济发展中不可测度因素的存在，用全要素生产率来衡量经济高质量发展水平是学术界应用较为广泛的方法（Mei & Chen，2016）刘建翠和郑世林（2018）、茹少峰等（2018）、刘华军等（2018）通过全要素生产率深入分析了经济增长的源泉变化，以深入探究促进经济高质量发展的因素和路径。程虹（2018）表示劳动生产率和全要素生产率是衡量高质量发展的重要标准，同时还要讲究经济与社会的均衡协调，更要考虑经济生态性。

随着资源环境约束对经济增长带来的压力日益增加，伴随经济增长的非期望产出逐渐受到了学术界的重视，学者们开始采用考虑非期望产出的绿色全要素生产率来表征经济增长质量。绿色全要素生产率因考虑了资源环境约束对经济发展质量带来的影响而成为学者们青睐的测度方法（黄庆华等，2020）。现有研究把绿色全要素生产率作为经济高质量发展的衡量指标。卞元超等（2019）用绿色全要素生产率来衡量经济高质量发展。

虽然以全要素生产率为代表的单一指标方法有其存在的合理性，但仅选择某一指标来表征经济高质量发展水平在可行性和合理性方面存在明显局限性，难以反映高质量发展的多维性特征（郑玉歆，2007）。

2. 指标体系评价法

构建指标评价体系的方法改善了利用单一指标表征高质量发展水平的

局限性，成为当前的热点测度方法。但由于受到高质量发展起步较晚、内涵模糊等限制，出现了测算方法不统一、评价视角差异大、方法主观性较强、分析维度偏宏观等问题（李金昌等，2019）。目前对高质量发展的测度方法存在较大争议，尚未形成一套权威的评价体系。科学合理的评价指标体系应能充分反映经济高质量发展的内涵要求的多维性和动态性，具备顶层设计高度，适用于中国不同区域。

在经济增长质量的研究基础上，高质量发展的指标构建依据大致有三类：一是基于高质量发展的内涵，指标的选取多以"五大发展理念"为逻辑依据（詹新宇和崔培培，2016；金碚，2018；任保平，2018）；二是构建经济、社会、生态协调发展的多元化指标体系，主要从发展基本面、发展社会成果和发展生态成果三个维度来构建（张冰瑶，2019；师博和张冰瑶，2019）；三是从发展评判标准角度，学者们通常从发展的协调性、平衡性、可持续性、创新性、有效性等角度来衡量经济高质量发展水平（任保平和文丰安，2018；钟太刚，2019）。总体来说，测度体系评价视角丰富多样、测度指标各具特色，改善了利用单一指标的局限性，但尚未形成统一而权威的评价指标体系，由于指标的选取以及指标赋权方法不同，导致对经济高质量发展的指标评价体系设定主观性较大（安淑新，2018），测度结果的差异性也较大。

在研究主体方面，大多数研究主要集中在宏观层面，侧重于对省级层面的区域研究（师博和任保平，2018）；一些学者跟随国家重点区域发展战略，研究如长江经济带（吴传清和邓明亮，2019；黄庆华等，2020）、京津冀地区（李莉和姜阀，2019）等重点区域的高质量发展水平；随着研究的深入，也有学者开始将研究重点转向地级市（师博和张冰瑶，2019）、县域经济（王振华等，2019）以及对某个城市的研究（杨新洪，2017；黄庆华等，2019）。此外，有少数学者从中观层面研究高质量发展，主要涉及的领域有制造业（张文会和乔宝华，2018）、生产性服务业（邓琰如和秦广科，2020）、高新技术产业（马昱等，2020）等。虽然有学者开始研究不同行业的高质量发展，但是对结构合理的产业系统和梯度合理的地区差异相关研究十分匮乏。再者，有一些学者从微观角度来研究高质量发展的测度。例如，黄速建等（2018）从微观层面分析，认为企业高质量发展具有社会价值驱动、资源能力突出、产品服务一流、透明开发运营、管理机制有效、综合绩效卓越和社会声誉良好等特质。侯艺（2018）从企业转型升级、产业结构转型升级、要素错配、创新驱动、经济稳定与风险防范5个维度探讨高质量发展。在微观方面，高质量发展的标准体系表现为产品和服务的质量系统化和品牌系统化，然而相关研究比较缺乏。

（三）黄河流域高质量发展研究

自黄河流域高质量发展被提升到国家战略规划后开始成为学术界的研究热点。根据CNKI学术关注度统计数据，2019年黄河流域高质量发展中文相关文献为110篇，到2021年增加至809篇，环比增长42%，外文相关文献发文量环比增长600%。此外，2021年关于黄河流域高质量发展的媒体关注度环比增长13%、学术传播速度也逐年提升，2021年环比增长138%。关于黄河流域高质量发展相关研究主要集中在内涵研究、测度研究以及影响因素研究上。

在内涵研究方面，张贡生（2020）认为黄河流域高质量发展的科学内涵在整体性与系统性，生态优先、绿色发展，人民对美好生活的追求等方面。安树伟和李瑞鹏（2020）从生态优先、动能转换、市场有效、区域协调、产业支撑和以人为本六个方面阐述了黄河流域高质量发展的内涵。

在影响因素方面，学者们主要是从财政分权、产业结构（张瑞等，2020）、水资源开发与利用（张金良，2020）、经济空间结构特征（樊杰等，2020）、城市产业转型（卢硕等，2020）、生态保护（王金南，2020）等方面对影响黄河流域高质量发展的因素进行研究。在新时期中国"双碳"目标提出的背景下，产业结构调整成为实现高质量发展与生态保护的重要战略支撑，任保平和豆渊博（2022）从碳中和的视角，通过对黄河流域产业结构发展现状、特点的阐述以及产业结构调整存在问题的分析，提出在推动黄河流域产业绿色发展的同时加强环境保护力度，是实现黄河流域绿色可持续发展的必要途径。郭晗和任保平（2020）通过对黄河流域高质量发展的生态环境和面临的挑战进行分析，从黄河流域的整体性和协调性出发，提出黄河流域高质量可持续发展需要完善生态保护刚性约束机制、建立区域协同质量框架、完善水沙综合调控机制以及推进生态环境保护的市场化改革。

也有学者从不同的空间角度分析黄河流域高质量发展，其中大多以省份或者地级市作为黄河流域高质量发展的空间维度。随着经济的不断发展，城市群、都市圈等空间集聚效应为区域经济发展带来的影响逐渐受到大家的重视。安树伟和张晋晋（2021）从都市圈核心城市的辐射带动能力出发，将黄河流域分为青岛、济南、郑州、西安、太原5个都市圈，利用都市圈的"扩展效应"和"带动效应"有效引领黄河流域经济转型升级，加强流域上、中、下游协同发展，实现黄河流域高质量发展。张可云等（2020）分别从黄河流域上、中、下游，兰西、宁夏、呼包鄂榆、太原、关中平原、中原、山东半岛七大城市群和73个地级市三个空间尺度分析了黄河流域高质量发展的区域差异：城市间差异逐年缩小，下游经济差异最大，中游经济差异最小，七大城市群经济差异约整体的90%。

（四）相关研究评述

综上可以看出，对于如何测度高质量发展水平这一议题，学术界已经进行了诸多讨论。从内涵界定来看，高质量发展从提出到发展至今，国内外学者对这一概念已经有了丰富的解释。高质量发展的测度是在经济增长质量和经济发展质量的研究基础上发展而来的，目前对高质量发展的研究已处于发展阶段。虽然这些概念在一定程度上达成了共识，认为高质量发展的内涵具有多维性、系统性、动态性以及长期性等特点，但也有着不能完全适用于黄河流域经济和社会发展特征的这一局限性。就测度方法而言，综合指标体系评价方法因其能够避免选取单一指标的局限性而受到较多学者的青睐。指标评价体系的构建主要从高质量发展的内涵出发，基于国家发展战略和政策调整，指标的选取体现了经济、社会、生态等多维协调发展，日益丰富。但国内关于测度高质量发展尚未形成统一而权威的评价指标体系。指标选取的侧重点不同、指标赋权方法不同，导致对高质量发展的评价指标体系的设定主观性较大，测度结果的差异性也较大。因此，高质量发展评价指标体系的构建没有一个统一的标准。

基于此，本书在现有研究的基础上，一是充分考虑黄河流域沿线九省区的经济、社会、生态等多维发展状况，将高质量发展内涵本土化；二是在高质量发展水平指标的测度上，在指标体系构建时应少使用单指标和主观性较强的多指标方法，使所构建的体系能够尽可能全面地反映指标的多维度内涵。

二、黄河流域高质量发展水平测度及分析

自黄河流域高质量发展被提升到国家战略计划后开始成为学界的研究热点。高质量发展是在新时代背景下，以"创新、协调、绿色、开放、共享"新发展理念为指导，以满足人民美好生活需要为最终目标，实现经济、社会民生、生态环境协调可持续的全面系统化发展，推动构建高质量现代化经济体系（金碚，2018；任保平和李禹墨，2018）。科学、系统地构建评价黄河流域高质量发展水平的指标体系对科学地了解黄河流域高质量发展的现实状况以及分析发展存在的瓶颈问题十分重要。

（一）指标评价体系构建

高质量发展是一个综合性指标，从发展评判标准角度，高质量发展应该符合一系列"高质量"的标准，评价指标的设计大多以"五大理念"为出发点（孟祥兰和邢茂源，2019）。本书在确保指标全面、客观的同时，重视各指标之间的逻辑关系，以充分满足系统性、综合性和科学性的原则构建指标体系，对黄河流域高质量发展的评价准则围绕"创新、协调、绿色、开放、共享"五大理念展开，并针对黄河流域经济发展可能存在的资源环境利用效率不高等特点，加入高效性准则层，构建的指标评价体系及具体的指标选取如表2-3所示。

表 2-3 黄河流域高质量发展评价指标体系

目标层	准则层	次准则层	具体指标	属性
黄河流域高质量发展水平	创新	创新投入及成果	科学支出（万元）	正
			科研、技术服务和地质勘查业从业人员数占比（%）	正
	协调	产业规模及结构	第二产业增加值占 GDP 的比重（%）	正
			第三产业增加值占 GDP 的比重（%）	正
			第二产业从业人员比重（%）	正
			第三产业从业人员比重（%）	正
		居民收入情况	职工平均工资（元）	正
	绿色	绿色发展水平	建成区绿化覆盖率（%）	正
			人均公园绿地面积（公顷/万人）	正
	开放	经济社会开放程度	外商投资企业工业总产值（万元）	正
			当年实际使用外资金额（万元）	正
黄河流域高质量发展水平	共享	社会保障福利水平	人均教育支出（元/人）	正
			每百人公共图书馆藏书（册、件）	正
			城镇职工基本养老保险参保人数占比（%）	正
			城镇基本医疗保险参保人数占比（%）	正
			失业保险参保人数占比（%）	正
	高效	要素投入产出效率	外商投资企业工业总产值（万元）	正
			单位 GDP 能耗（千瓦时/元）	负
			单位 GDP 排污（吨/元）	负

（二）指标选取及说明

具体来看，创新是产业结构优化和经济发展方式转变的重要动力源泉，是高质量发展的新动能，主要体现在技术创新的受重视程度与创新成果的孵化成效两个方面。选取科学支出（万元）和科研、技术服务和地质勘查业从业人员数占比（%）两个指标来表征创新性原则。科学支出指标是从财政资金支持科技创新的投入力度来衡量对其重视程度，而科研、技术服务和地质勘查业从业人员数占比①既可以反映地区对科技创新的人才投入，又可以反映地区科技创新人才培养成果。

高质量发展需要做到处理好全局和局部的关系，对区域协调性提出要求，协调性主要衡量产业结构的协调以及居民收入的协调两个方面，综合体现经济协调发展水平。产业结构的协调分别用第二产业和第三产业增加值分别占地区生产总值（GDP）的比重（%）表示产业结构的合理化水平，用第二产业和第三产业从业人员比重（%）表示产业结构的劳动力分配水平；职工平均工资（元）则体现了居民收入结构的协调水平。

绿色原则体现了黄河流域经济发展的绿色水平。"生态优先、绿色发展"和"绿水青山就是金山银山"的原则，要求高质量发展必须走绿色、可持续的发展道路。绿色性体现的是经济的绿色发展水平，分别从建成区绿化覆盖率（%）、人均公园绿地面积（公顷/万人）两个方面对流域绿色水平予以表征。

开放性体现经济的对外开放程度。黄河流域各省区由于地理位置、发展禀赋和发展水平的差异，造成联动基础薄弱，没有形成以黄河为轴互相牵引的流域产业链，内外联动相对不足。所以加大对外开放发展力度，建设黄河流域对外开放门户成为推动流域高质量发展的必要途径之一。外商投资、外资注入是重要的经济驱动力，对高质量发展起着重要的驱动作用，用外商投资企业工业总产值（万元）和当年实际使用外资金额（万美元）分别对外商投资力度和外资投入水平进行衡量。其中，当年实际使用外资金额（万美元）按照年平均价货币汇率换算成万元。

共享性体现了社会保障与福利水平，高质量发展的重要内涵构成便是追求高质量的居民生活水平和福利水平。在基层代表座谈会的讲话中，习近平总书记反复强调谋划"十四五"时期发展，要坚持发展为了人民、发展成果由人民共享的"人民至上"的执政理念。黄河流域各省

---

① 科研、技术服务和地质勘查业从业人员数占比 = 科研、技术服务和地质勘查业从业人数/城市年末总人口×（1-失业率）。

区要坚持以人为本，以民生为重点，不断推进基本公共服务均等化和社会保障提高。选取人均教育支出①（元/人）、每百人公共图书馆藏书（册、件）、城镇职工基本养老保险参保人数占比（%）、城镇基本医疗保险参保人数占比（%）、失业保险参保人数占比（%）5个正向指标，从教育、基础设施、养老、就业等方面对社会保障和福利水平进行表征。

高效性衡量经济发展的能源利用效率和环境利用效率，是产业生产效率、产业高级化和生产绿色性的体现。其中，外商投资企业工业总产值（万元）体现了产业生产效率；单位GDP能耗（千瓦时/元）是能源消费水平和节能降耗状况的主要衡量指标，利用当年的社会消耗电力总量乘以其实际价格后比当年实际GDP折算而来，体现了能源利用效率；单位GDP排污（吨/元）体现了绿色生产的效率，是利用当年工业废水排放量、工业烟（粉）尘排放量、工业二氧化硫排放量，以2014年北京的排污价格②为标准折算为实际处理价格后测算出排污量权重总数③，再比上当年实际GDP求得的。

（三）数据来源及说明

与测算黄河流域生态保护评价指标体系的数据来源相似，测算黄河流域高质量发展水平的各个指标变量的原始数据来源于国家统计局、EPS的中国城市数据库、中国城乡数据库、中国区域数据库和各省区的统计年鉴及其他公开资料。

（四）测算结果及分析

根据表2-3计算出来黄河流域高质量发展水平，然后按照表2-4将其划分成6个等级进行分析。

---

① 人均教育支出（元/人）=教育支出（万元）/年末总人口数（万人）。
② 北京市环境保护局. 北京市关于二氧化硫等四种污染物排污收费标准 [EB/OL]. http://bj.bendibao.com/zffw/201413/129962.shtm，2013-12-10/2021-06-08.
③ 排污量权重总数是利用当年工业废水排放量、工业烟（粉）尘排放量、工业二氧化硫排放量分别乘以各自的权重（工业废水排放量、工业烟（粉）尘排放量和工业二氧化硫排放量的权重分别为0.358、0.340和0.302）并加总求和得来的。

表 2-4　黄河流域高质量发展综合指数划分

综合指数	(0, 0.15]	(0.15, 0.3]	(0.3, 0.5]	(0.5, 0.7]	(0.7, 0.85]	(0.85, 1]
发展水平	低等水平	低等偏上	中等水平	中等偏上	上等水平	极佳水平

图 2-6 反映了部分代表性年份黄河流域高质量发展的情况。根据研究结果分析可知：2010~2018 年黄河流域高质量发展水平整体较低，呈现出先上升后下降的变化趋势，且变动幅度不大。这是由于 2011 年以后中国工业化水平步入了工业化后期阶段，以重化工业为支柱性产业的黄河流域处于产业转型的重要时期。转型期间，产业结构由重化工主导转向技术密集型主导，产业发展由投资驱动转化为创新驱动，高质量发展速度减缓。2015~2018 年，中国经济增长速度持续放缓，步入新常态时期，需求疲软、经济增长速度下滑，导致整个流域的高质量发展水平不高且呈下降的趋势。

此外，区域间差异呈现先扩大后缩小的变化。通过对比图 2-7 中的（a）和（b）可知，2012 年黄河流域内高质量低等水平、低等偏上、中等水平和中等偏上水平城市分别占比 35.71%、54.29%、8.6% 和 1.4%，到2015 年的 21.43%、67.14%、7.14% 和 4.29%，再到 2018 年的 35.71%、54.29%、7.14% 和 2.8%。可以看出，黄河流域超过 88% 城市的高质量发展水平在研究时间段内处于低等和低等偏上水平，整体发展水平偏低。2012 年、2015 年、2018 年的综合指数标准差分别为 0.092、0.107 和0.097，呈现出先大幅度上升后下降的趋势，说明黄河流域高质量发展水平的空间差异变化正在逐渐变小，离散水平与空间特征趋于平稳。

高质量发展水平沿东西向分布，空间差异明显且呈东西分层的特征，发展水平自西向东按层级提高。黄河流域下游多为低水平城市，存在少数低等偏上水平的地区，多为兰州、西宁、银川等省会城市。中游地区城市处于低水平和低等偏上水平的占比较高，少数省会城市如太原、西安为中度发展水平或中度偏上，下游城市多为低等偏上水平和中等水平，少数省会核心城市如郑州、济南处在中等偏上水平。这在一定程度上是由黄河流域上、中、下游的资源禀赋与环境条件不同所引起的。具体来说，黄河流

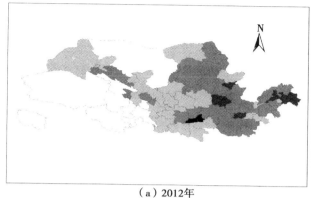

（a）2012年

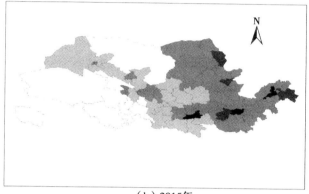

（b）2015年

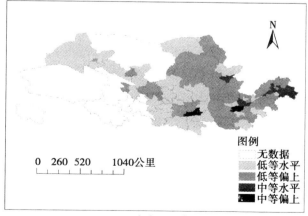

（c）2018年

图2-6 黄河流域部分年份的高质量发展水平

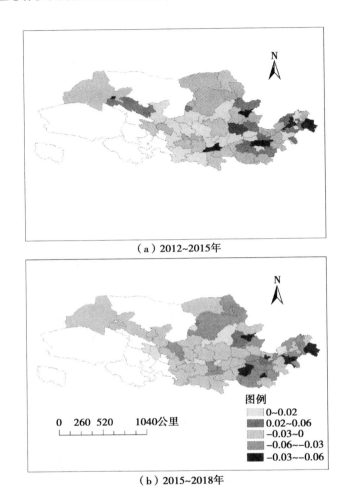

（a）2012~2015年

图例
0~0.02
0.02~0.06
-0.03~0
-0.06~-0.03
-0.03~-0.06

0　260　520　　1040公里

（b）2015~2018年

图 2-7　黄河流域分时段的高质量发展水平对比

域上游地区是中国老少边穷地区比较集中的区域，也是中国脱贫攻坚战的主要战区之一，加上生态环境脆弱，使得区域经济发展大大受到限制；中游地区拥有丰富的煤炭、天然气、有色金属等矿产资源，煤炭储量占全国的一半以上，而且流域整体上处于工业化中期阶段，煤炭油气开采、金属冶炼等传统动能依然是黄河流域经济增长的核心支撑，传统产业在黄河流域经济增长中的比重和贡献率相对较高；下游黄淮河平原地区，既是中国的交通要塞，又是粮食主产地，同时有着基础雄厚的制造业，优越的地理位置和自然环境为区域高质量发展奠定了良好的物质基础。正是这些地理地貌差异、资源禀赋差异以及功能性区划的要求不同，导致上、中、下游在经济发展、产业特色发展等方面存在差异，因而流域间的高质量发展水平差异较大。

　　黄河流域的高质量发展水平呈现空间上多点、多极的崛起特征。上、中、下游都出现了相对于周边地区高质量发展水平较高的城市，这些高水平城市形成了不同的高质量发展极，这些发展极由于自身的资源禀赋、政策倾斜等方面优势在高质量发展的转型升级过程中迅速崛起，并且会对其周边城市起到一定程度的辐射带动作用。目前的发展极还只是初见规模，对流域内高质量发展的影响有限。

　　在高质量发展变化程度上：2012~2015年绝大多数城市的高质量发展水平都为正向变化，其中增长幅度最大的是郑州（0.976）、西安（0.914）和潍坊（0.913）三个城市，也有少数城市出现了负向变化：临汾（-0.17）、包头（-0.02）和商洛（-0.01）。但在2015~2018年大多数城市都是负增长，其中下降最多的三个城市是太原（-0.86）、洛阳（-0.75）和漯河（-0.71），但也有少数城市仍然是正向增长，如新乡（0.53）、吕梁（0.29）和乌海（0.27）。两阶段内保持连续增长的城市有中卫、嘉峪关、榆林、铜川、平凉、石嘴山、聊城、乌海以及新乡。

三、黄河流域高质量发展的现实困境

（一）流域整体发展水平低，区域发展差距仍然较大

　　结合上文对黄河流域高质量发展水平测算结果的分析，黄河流域高质量发展的整体水平较低，空间差异明显，且从西向东发展水平按层级提高。除去太原、西安、郑州、济南等省会核心城市，其他地级市的高质量发展水平大多处于中等偏下水平。与长江流域相比，2021年黄河流域9个省区的GDP总量占全国比重的25.1%，约为长江流域的1/3，黄河流域高质量发展整体水平明显低于长江流域；主导产业、地理环境因素是区域高

质量发展差异较大的主要原因，黄河流域上游地区为中国脱贫攻坚的主要区域之一，低收入人口多，生态环境脆弱，以畜牧业发展为主，地理位置偏僻、对外交流能力弱，整体高质量发展水平低；黄河流域中游地区煤炭、石油、天然气等矿产资源丰富，以重化工业为支柱性产业，一定程度上带动着区域经济的高速发展，但是单一的、高度倚重倚能的产业结构，在绿色高质量发展要求下，急需探寻新的发展动能，转变经济发展方式；黄河流域平原地区的经济结构多样，注重制造业、旅游业发展，交通地理位置优越，位于"一带一路"倡议重要区域，具有商贸物流、人文交流等发展优势，经济发展潜力大。

（二）发展与保护矛盾突出，现代化治理能力较薄弱

随着黄河流域城镇化和工业化的发展，经济发展与生态环境保护之间的矛盾日益突出。一方面，主要位于流域中、上游的三江源水源涵养区与生物多样性保护区、黄土高原丘陵沟壑水土保持生态功能区、甘南黄河重要水源补给生态功能区等12个重要生态功能区，与扶贫攻坚战略地区高度重合，扶贫工作中农业、食品加工业、制造业等受到限制，生态环境保护的必要性大大增加了扶贫难度；另一方面，黄河流域中游地区是以重化工为主要经济支柱的传统产业，高耗水、高耗能、高污染对区域环境承载能力不断发出挑战，尤其是以煤炭开采和有色金属开采为主的山西、内蒙古、宁夏等地，植被破坏、地表塌陷、土壤荒漠化加剧，水污染、空气污染严重。良好的环境治理体系需要现代化的治理能力作为支撑，然而黄河流域的环境治理没有充分发挥科技的先导和支撑作用，实现治理能力的科学化和精细化、流域的现代化治理能力相对较为薄弱。

（三）流域产业结构不协调，产业转型升级缺乏动力

上游青海、甘肃和宁夏三个省份为中国老少边穷的集中分布区域，经济发展水平落后，产业转型升级内生动力不足；中游能源基地、重化工业集中，特别是山西、内蒙古长期依赖煤炭开采，传统高耗能产业仍是其发展的重要经济支柱，产业链条短，产业结构单一；下游山东、河南等省份的制造业发展在其产业发展中的占比较大，两省生产总值在黄河流域生产

总值占比超 50%。综合来看，黄河流域产业发展严重依赖能源资源，经济系统以重化工、制造业等高耗能、高污染的传统企业为主，产业结构不协调，新兴产业、高新技术产业发展薄弱，市场竞争力不强，产业转型升级缺乏动力。

（四）研发投入支撑力不足，流域技术创新水平不高

面对黄河流域生态问题呈复杂化、多样化特征，传统的生态治理技术难以满足现下经济发展的需求，水安全、生态环保、植被恢复、水沙调控、空气质量检测等领域技术研究力度亟须加强。而绿色创新技术的发展，是从根本上解决黄河流域传统产业高耗能、高污染、低效率问题的关键，是推动黄河流域产业结构优化结构调整的发展动力，更是实现由"资源驱动发展"到"创新驱动发展"新旧动能转换的关键。但黄河流域的研发投入不足，各个省区间的差异较大。根据《黄河流域工业高质量发展白皮书》① 公布的数据，从研发经费投入规模来看，黄河流域工业企业 R&D 经费投入为 2806 亿元，其中山东、河南和四川三个省份的 R&D 经费投入总和占整个流域省区的近 80%；从研发经费投入强度来看，2019 年黄河流域 R&D 经费投入强度为 1.09%，投入强度在 1% 以上的仅有山东省（1.46%）和河南省（1.22%）。此外，与长江经济带各省市相比，黄河流域在创新投入和创新效率方面仍然存在较大差距。2017 年之前黄河流域工业企业 R&D 经费约为长江流域的 60% 以上，而 2019 年仅为长江流域的一半。此外，流域的技术创新水平不高。根据国家统计局公布的数据，2017 年黄河流域 9 省区的技术市场成交额总计 2266.37 亿元，占全国的 17.54%，2020 年增长至 5628.44 亿元，占全国的 20.62%，其中山东、陕西以及四川的技术市场成交额相对较高，超过千亿大关。因此，黄河流域的研发投入不足、创新孵化成效不高、流域内各个省区间差异较大制约着黄河流域高质量发展的新动能培育。

---

① 赛迪研究院工业经济研究所.黄河流域工业高质量发展白皮书（2021 年）［EB/OL］.赛迪智库，https：//www.163.com/dy/article/GUR58AES0511B3FV.html，2022-01-28/2022-05-30.

本章小结

  本章介绍了黄河流域生态环境保护和高质量发展融合的现实选择。在分析黄河流域生态环境和经济社会发展的概况及特征的基础上，分别构建评价黄河流域生态环境保护和高质量发展的评价指标体系，测度流域生态环境保护和高质量发展水平现状，进而深入分析黄河流域在生态保护和高质量发展中面临的现实困境，凸显当前促进黄河流域生态保护和高质量发展融合的必要性与重要性。通过对现实发展环境的研究发现，黄河流域横跨中国东、中、西三大阶梯，拥有着丰富的煤炭、石油、天然气、有色金属等自然资源，流域生态环境脆弱，黄河流域环境保护水平整体不高，呈现逐渐提高的趋势，并且中游地区增长最为显著。流域环境保护水平的空间分布呈现从西到东逐层提高，少数发展极崛起，且空间分异水平逐渐降低。随着工业化和城镇化进程的加快，黄河流域也面临着生态环境保护水平区域差异大、自然生态环境问题复杂多样、生态资源环境承载力不足、现代化治理能力水平低下和生态协同治理机制不够健全等问题。当前黄河流域高质量发展水平整体偏低，在研究期间内呈现先上升后下降的变化情况，且下游的上升幅度高于中游和上游的，空间分异具有明显特征，发展水平从西到东逐级递增，上游绝大多数城市为低等水平，下游地区仅有极少部分地区为低等水平，各层级地区内部呈现"点—极"式分布，分异程度呈现先扩大后缩小的变化趋势。黄河流域高质量发展存在着流域整体发展水平低、区域差异大，发展与保护矛盾突出、现代化治理能力不高，流域产业结构不协调、产业转型升级缺乏动力，流域研发投入支撑力不足、技术创新水平低等现实困境。

第三章

黄河流域生态保护和高质量发展融合的
理论支撑

　　理论是前人在长期的探索和实践中形成的学术发展的伟大成果，以理论为基石，以理论指导实践，可以为探索黄河流域生态保护与高质量发展融合提供理论支撑。本章从理论的角度探析生态保护与高质量发展"为什么融合"，为后续章节的融合机理阐释、融合效应测度以及融合路径分析奠定坚实的研究基础。鉴于黄河流域生态环境脆弱、复杂，其高质量发展必须坚持生态优先，走以绿色发展为导向的高质量发展路子。因此，本章从生态保护理论、高质量发展理论以及二者融合理论这三个方面进行分析，以期为后续研究提供坚实的理论支撑。

第一节　生态保护的理论基础

　　本节从环境与自然资源的稀缺性、马克思主义生态观、可持续发展理论以及生态文明理论来探析生态环境保护的必要性、合理性以及重要性。其中，前三个理论是资源环境经济学中用于分析生态保护的基本理论，而最后一个生态文明理论则是基于中国生态文明发展思想、论述以及实践而形成的极具中国特色的生态文明理论。这些理论的源起、发展与成熟均为黄河流域生态保护和高质量发展融合提供了良好的理论基础。

一、稀缺性理论

经济学意义上的稀缺，是指相对于既定时期或时点上的人类需要，资源是有限的。而资源的稀缺性是指在给定的时期内，其供给量相对于需求是不足的。经济学的稀缺是物理意义上的稀缺在特定经济关系中的具体体现。

20世纪60年代以前，自然资源的稀缺性和环境恶化问题并未得到人们的关注，主要以马歇尔的思想占统治地位。尽管在这一时期出现了Ramsay的优化增长理论和Harold对耗竭资源经济学的研究，但是这些观点基本与马歇尔的思想一致，否认绝对资源稀缺约束的可能性，认为经济上有用的自然资源的相对稀缺都能通过市场价格得到反映（Barnett & Morse，1963）。20世纪60年代初期，Barnett和Morse提出关于环境资源稀缺性的理论，认为只有作为经济过程原材料和能源供应者这一功能的环境资源才具有稀缺性。这样，传统经济理论关于自然资源的定义通常局限于那些有经济价值的作为生产直接投入的环境资源，这时人们将工业生产的环境影响看成是区别于资源利用和消耗的问题。

基于以上分析，环境资源对经济增长构成约束的传统资源稀缺性理论可以归结为两种基本观点：一是资源的绝对稀缺性。即在可获取的自然资源存量的极限没有达到之前，环境质量是不变的，不存在边际成本上升和收益递减现象，环境资源的有限性构成了对经济发展的绝对约束，只有在达到极限时，资源的稀缺性影响才会在上升的成本中通过价格得到反映（Paglin，1961）。二是资源的相对稀缺性。资源质量是变化的，不存在环境资源的绝对稀缺，仅有资源质量下降的相对稀缺。一旦物理性稀缺资源被视为以价格变化形式反映的相对稀缺性时，经济系统就会自动通过寻求某种资源来替代这一相对稀缺的自然资源的方式对价格信号做出反应（Daly，1977）。即不断上升的相对成本会刺激技术进步，导致经济质量更优越的替代性资源出现，经济增长可能使特定资源存量出现暂时不断增加的相对性稀缺，但不会导致对经济增长的绝对约束（蔡宁和郭斌，1996）。从总体上看，传统经济研究对环境资源稀缺问题的长期影响持乐观态度

（Rosenberg，1973）。

20 世纪 60 年代末，随着人类活动对环境影响的深度和广度扩大，各种环境问题逐渐暴露出来，人类逐渐认识到环境问题的实质在于人类索取资源的速度超过了资源及其替代品的再生速度，人类向环境排放废弃物的速度超过了环境的自净力（罗慧等，2004）。环境对于经济发展的制约作用使得人们对工业革命给自然带来的影响及发达国家经济发展模式进行了反思，环境稀缺论应运而生（解保军，2002）。

环境稀缺论认为环境是一种稀缺资源，那么如何合理、持续地分配和利用环境资源是生态保护的重要依据。因此，环境资源稀缺理论要求各国家或地区的经济发展一定要处理好资源、环境与发展的关系，走可持续发展的道路。

二、马克思主义生态观

马克思主义生态观是马克思主义关于生态及与生态相关问题的根本看法和观点的总和。19 世纪中叶，随着西方科学技术的进步和工业资本主义的发展，生产方式发生巨大变革，机器大生产取代了手工作坊，人类文明也从依赖于自然的农耕文明跃向以掠夺和占有自然资源的工业文明，利用自然的能力进一步增强，与自然之间形成"效用—征服"的关系，将自然视为可以为了获取经济收益而肆意掠夺的对象，进而导致了污染、破坏、浪费等生态危机，人与自然的正确关系值得深思与重构。马克思和恩格斯的生态观就在这样的背景下发展起来。

马克思、恩格斯在创立马克思主义时，没有专门和系统地阐述过生态观，但是在阐述自然观和实践观以及对资本主义生产方式和社会进行批判性考察时，形成了丰富的生态思想。国内学者大致将其分为三个阶段，但不同学者在分期时间段的划分及代表作的罗列方面略有差异。本书借鉴解保军（2002）、李富军（2004）、王宏岩（2004）、杜秀娟（2011）以及董强（2013）的研究，将马克思主义生态观的产生与发展大致分为萌芽时期、形成时期和完善时期（见表 3-1）。

表 3-1 马克思主义生态观的产生与发展

阶段	作者	年份	主要著作	核心内容
萌芽时期	马克思	1835	《青年在选择职业时的考虑》	动物被动适应自然界,人具有一定的能动性
		1840~1841	《德谟克利特的自然哲学和伊壁鸠鲁的自然哲学的差别》	提倡无神论,唯物主义自然观的萌芽,首次提出人与自然之间的辩证性
	恩格斯	1839	《乌培河谷来信》	痛斥工厂制度对工人的剥削,关注河流和空气污染等生态问题
		1841	《漫游伦巴第》	体现人的主观能动性
		1843	《国民经济学批判大纲》	人为获取利益导致人与自然、人与人之间关系紧张
		1844	《英国状况》	从利益角度分析人与自然的关系
形成时期	马克思	1844	《1844年经济学哲学手稿》	提出人与自然出现异化,扬弃私有制和异化劳动是人与自然和解的路径;自然界的客观存在和对人的优先地位;人对自然的能动性体现在自然的人化过程中
		1845	《关于费尔巴哈的提纲》	指出环境与人的生存发展的辩证关系,主张通过积极能动的实践,提出环境的改变和人的活动的一致的基础就是革命的实践
	恩格斯	1845	《英国工人阶级状况》	对近代环境污染类型、状况和危害做了具体分析
		1843~1844	《政治经济学批判大纲》	生产是自然和人的辩证统一,注意土地和人类的生产力的关系问题和人口与土地的关系问题
	合著	1844	《神圣家族》	实践活动要以物质世界的客观存在为前提,生产实践改变的是物质存在的形态,并没有创造物质本身;人类改造自然时,要做到利用和保护自然并重

续表

阶段	作者	年份	主要著作	核心内容
形成时期	合著	1845~1846	《德意志意识形态》	阐述人与自然、社会与自然的辩证关系，论述了在社会的生存和发展中各种自然条件的社会影响，提出人与自然和谐相处的思想，人创造环境，同样环境创造人
完善时期	马克思	1857~1883	《资本论》	对资本主义进行深刻的生态学批判；阐述自然生产力思想，充分肯定自然的价值；提出可持续发展、循环经济的思想，主张合理控制人与自然之间的物质变换
	恩格斯	1873~1882	《自然辩证法》	人与自然关系进一步完善；劳动是人与自然关系得以建立和维持的中介，劳动既有自然属性，也有社会属性；人与自然发挥能动性时不能超越自然的限度
		1876~1877	《反杜林论》	
		1886	《路德维希·费尔巴哈和德国古典哲学的终结》	人与自然的关系是一个具有整体性、系统性的生态整体

在萌芽时期，马克思和恩格斯的环境哲学思想已经初见端倪，马克思对人与自然的辩证关系有了初步的认识，恩格斯对人与自然的矛盾问题进行了反思；在形成时期，马克思和恩格斯开始考察和研究人类的生存环境问题，并且对人与环境关系，特别是人与自然关系的辩证统一问题进行了深刻的分析和探讨，辩证唯物主义和历史唯物主义的自然观理论基本形成；在完善时期，马克思和恩格斯的人与自然的辩证关系进一步得到了丰富，深刻分析了资本主义制度是生态问题产生的根本原因，完善了人与自然关系的唯物史观视角。

马克思主义的生态观丰富而深刻，其深刻内涵主要有四点：一是马克思主义生态观的核心是人与自然辩证统一。人是自然发展到一定阶段的产物，而自然界是人类赖以生存和发展的基础，因此马克思主义生态观反对将人与自然对立起来，强调人与自然的内在统一。马克思进一步提出，实践是人与自然辩证统一的中介，并主张通过实践发挥人的主观能动性来认识自然、改造自然，但必须以尊重自然界客观规律为前提。二是生态危机的根源是资本主义生产方式。资本的天性在于贪婪和无限积累及扩张的冲动，资本的天性决定了其运行逻辑，为实现自己的积累目的，可以不顾一切、不择手段地追求目标。在资本主义条件下，人与自然的关系由简单的"适应—依赖"演变为"效用—征服"，人与自然、人与人之间出现了明显的"物化"特征。在资本主义私有制条件下，资本家为达到盈利的目的，不顾人与自然的尊严，一方面通过资本积累扩张获取有限能源及原料，肆意践踏自然生态环境，引发生态危机；另一方面为获取丰厚的剩余价值，削减工人工资、延长工作时间、降低工人福利等破坏劳动者福利，从而造成了人类生态灾难的加剧。三是缓解生态危机的途径是正确认识物质交换理论，这也促进了可持续发展概念的萌生。人类从自然中索取相关物质、能量等，同时通过劳动向自然界返还各种废弃物，但以上所有的索取和返还都需要建立在自然的承载力之上，这也是马克思所倡导的自然与社会的物质变换应遵循"合理循环"的原则。尽可能循环使用生产排泄物、尽可能将消费排泄物资源化，变废为宝，在处理废物上应做到"资源化"利用和"减量化"排放。四是马克思主义生态观认为解决生态问题的途径是建立共产主义社会。共产主义社会一方面可以使人的本质得到全面而自由的展现，另一方面扬弃现实的私有财产，发展现实的共产主义行动，由此可以克服人与自然之间的异化，从而实现人与人之间的和解和人与自然之间的和解，可以使人、社会和自然和谐相处。

在生态危机越来越凸显的当今，马克思主义生态观显示出其理论力量，不仅在认识论、价值论和方法论上为生态危机的根源和解决路径提供了思想指南，也为生态保护和高质量发展的融合提供了理论基础。根据其深刻内涵可知，一是科学地认识人与自然关系是实现生态保护与高质量发展融合的前提。二是在研究经济形态的同时，开始关注所产生的环境污染，并指出由于资本主义私有制的生产制度导致了生态危机，资本为追求其利益最大化而不惜肆意践踏自然，此时的经济增长是以掠夺自然资源和破坏生态环境为代价的。三是有了可持续发展的萌芽，在《资本论》中，马克思提出，从一个更为发达的社会结构去看问题，无论是人类社会还是人类的群体等，所有的一切都不是土地资源的主人。他们仅仅是资源的借用方、资源的使用人。并且，他们不仅要扮演好优秀的使用人这一角色，还必须是一个优秀的传承者，将资源移交给下一代。由此看出，马克思认为反对资本主义革命不仅要推翻资本对劳动的剥削，还要以合理的方式调整人与自然之间的物质变换，以消耗最小的力量，在最无愧于和最适合于人类本性的条件下进行物质交换。这与"可持续发展"的论述相似，体现了经济的发展不应仅有"限时性"，也应有"持续性"，不应仅仅考虑当下现时的经济发展，更应着手于延续的、整体的经济发展，因此将环境保护与经济发展相融合是必要的。四是马克思主义生态观还提出通过共产主义实现人、自然与社会和谐相处，此论断不仅考虑人与自然的和谐相处，也将社会的经济发展融合在内，提出了人与社会、自然与社会和谐相处，为后续生态保护与高质量发展融合提供了一定的理论基础。

三、可持续发展理论

自 20 世纪中期以来，工业革命极大地促进了社会生产力的发展，科技进步日新月异，世界经济处于快速发展的繁荣期。然而，伴随财富激增和人民物质生活不断提高而来的还有人口激增、自然资源日趋短缺、生态环境不断恶化，人类社会面临着生存危机和经济能否持续的严峻挑战。人类开始思考和审视工业革命以来的工业化道路和经济增长方式，探索未来发展的道路，可持续发展思想应运而生。

可持续发展思想是人类经过实践探索和理性反思后在认识上的一次突破，根据可持续发展思想的产生、演进与发展的关键性事件，将现代可持续发展的研究大致可以分为四个阶段（见表 3-2）。

表 3-2　现代可持续发展思想的产生与发展

阶段	年份	个人与机构	主要内容	评价
萌芽阶段	1962	蕾切尔·卡逊	《寂静的春天》揭示环境污染对生态系统的影响	启蒙人类环境意识
	1966	肯尼思·艾瓦特·鲍尔丁	《即将到来的宇宙飞船地球经济学》：说明经济发展中生态问题的严重性	反思传统行为与观念
	1972	罗马俱乐部委托德内拉·梅多斯等	《增长的极限》：经济增长不可能无限持续下去，提出"零增长"的对策性方案	可持续发展思想的雏形
	1972	联合国人类环境会议（斯德哥尔摩）	通过《人类环境宣言》；首次把环境问题与发展联系起来，指出发达国家与发展中国家对环境资源问题承担共同责任	人类对环境与发展问题认识的里程碑
探索阶段	1980	联合国环境规划署、世界自然保护基金会、国际自然保护联盟	《世界自然保护大纲》：首次明确提出了"可持续发展"的概念	人类对环境问题的正式挑战
	1981	莱斯特·R.布朗	《建设一个持续发展的社会》	可持续发展理论框架初具雏形
	1987	联合国世界环境与发展委员会	《我们共同的未来》：正式给出"可持续发展"的经典定义	可持续发展的国际性宣言
深化阶段	1992	联合国环境与发展大会（又称"里约会议"或"地球首脑会议"）	通过《21世纪议程》《里约环境与发展宣言》；签署《联合国气候变化框架公约》《关于森林问题的原则声明》《联合国生物多样性公约》	可持续发展得到了世界最广泛和最高级别的政治承诺
	1992	世界银行	《1992年世界发展报告：环境与发展》	探讨世界经济发展与环境之间的联系
	2000	联合国首脑会议	《联合国千年宣言》通过联合国千年发展目标；将"确保环境的可持续能力"列为八大目标之一	国际合作逐渐成熟
	2002	南非约翰内斯堡可持续发展会议	通过《约翰内斯堡可持续发展承诺》《可持续发展世界首脑会议执行计划》；审议《关于环境与发展里约热内卢宣言》《21世纪议程》	联合国迄今就可持续发展问题召开的规模最大的会议

续表

阶段	年份	个人与机构	主要内容	评价
深化阶段	2006	尼古拉斯·斯特恩	《斯特恩报告：气候变化的经济学》	全球开始重视气候变化带来的威胁
	2012	联合国可持续发展大会（"里约+20"峰会）	《我们憧憬的未来》；重申"共同但有区别的责任"；成立联合国可持续发展高级别政治论坛①	开启了可持续发展的新里程
强化阶段	2015	联合国可持续发展高级别政治论坛	《千年发展目标2015年报告》评估全球和区域实现可持续发展目标的进展情况	可持续发展目标实现的实践保障
	2015	联合国可持续发展峰会	《改变我们的世界：2030可持续发展议程》	千年发展目标的继承与拓展
	2019	联合国	发布主题为"现在就是未来：科学实现可持续发展目标"的《2019年全球可持续发展报告》	可持续发展目标制定以来的首份报告
	2019	2030可持续发展目标峰会	通过了名为"为可持续发展行动与成就的十年做好准备"的政治宣言	按时实现可持续发展目标的保障
	2021	2021可持续发展论坛	主题为"推动以人为中心的可持续发展"，启动了"碳达峰碳中和的中国战略与全球展望"项目	统筹国内外资源，助力落实碳达峰、碳中和战略目标

在萌芽阶段，人类开始对传统行为与观念进行反思，揭示了资源环境问题的现实性和紧迫性。但该阶段主要是以一些学者的学术研究与呼吁为代表，还停留在对可持续发展思想的启蒙和认知阶段，并未明确地提出或形成可持续发展的系统理论和行动纲领。在探索阶段，可持续发展的定义被正式提出，其理论框架初具雏形；但这一阶段的可持续发展思想主要关注资源方面的可持续发展；国际组织参与频繁，使可持续发展从认识走向实践，但很少顾及发展中国家的利益和全球可持续发展问题，缺乏国际合作。在深化阶段，可持续发展内涵进一步发展，更多地关注气候变化等全球共同的环境问题；此外，可持续发展思想更多地由理论转向实践，使可持续发展从号召走向落实。国际合作逐渐成熟，并设法将问题和潜在解决

---

① 2012年6月，联合国可持续发展大会决定，成立联合国可持续发展高级别政治论坛，取代可持续发展委员会。论坛于2013年9月24日第68届联大一般性辩论期间正式启动。

方案转化为国家或国际战略。在这一阶段，可持续发展得到世界最广泛和最高级别的政治承诺。在强化阶段，世界各国参与资源、环境与发展讨论与研究，可持续发展的国际合作常态化，国内外可持续发展紧密结合、协同探索，为可持续发展谋划了更为细致与确切的方向，是可持续发展从行动走向科学的关键成长期。

可持续发展是一个内涵丰富的概念。虽然不同学说流派有各自的侧重点，但都强调社会、经济、自然、人类、文化以及政治的和谐统一、共同发展，形成多维的动态平衡（李晓灿，2018）。尽管可持续发展概念的内涵和外延不断拓展，1987年由世界环境和发展委员会发表的《我们共同的未来》报告中提出的可持续发展概念，即："既满足当代人需要，又不对后代人满足其需要的能力构成危害的发展"，这仍然是被广泛接受的经典定义。可持续发展要求为人类和地球建设一个具有包容性、可持续性和韧性的未来而共同努力。要实现可持续发展，必须协调经济增长、社会包容和环境保护三大核心要素。这些因素是相互关联的，且对个人和社会的福祉都至关重要。具体内涵包括以下三个方面：一是经济可持续。可持续发展是鼓励经济增长的，但是可持续发展的经济可持续是指经济增长数量和质量的有机结合，单纯追求经济增长数量会回到传统发展的道路上，单纯追求经济增长质量会导致经济的停滞不前，因此，应提高效益、节约能源，改变传统的生产和消费模式，实施清洁生产和文明消费。二是社会可持续。可持续发展是以改善和提高生活质量为目的，构建一个保障平等、自由、教育、人权的社会是人们共同追求的目标，为实现此目标需要正确协调生态与经济的关系，使社会在快速发展的同时有充足的资源和环境保障。许多发展中国家人口数超过了资源的承载力，从而造成日益紧缺的资源容量和环境恶化，因此，社会贫困人口较多仍然是一个亟待解决的问题，为实现社会的可持续发展需要把人口控制在可持续的水平之上，同时提升人们的道德水平和可持续发展意识，增强人们对社会和子孙后代的责任感。三是生态可持续。经济发展的物质基础是自然资源，而资源有限性意味着在经济发展和社会发展中需要将发展限定在地球可承载的范围以内，因此可持续发展应该以环境保护为基础，与资源和环境的承载力相协调，减少污染、改善环境质量、保持地球生态的完整性和生物多样性，以可持续的方式和目的使用可再生能源，让人类的发展保持在地球承载力以内（赵士洞和王礼茂，1996）。

由以上内涵可知，可持续发展包括生态持续、经济持续和社会持续，这三者之间互相关联、不可分割。生态持续是基础，经济持续是条件，社会持续是目的，只有这三者进行良性互动，才能维持可持续发展的复合系统性（李强，2011）。因此，可持续发展不仅追求经济增长的数量，更加注重经济增长的质量，在保护生态的同时发展经济，从而提高生活质量，即追求的是自然—经济—社会复合系统的持续稳定和健康发展。此理念也与生态保护和高质量发展融合的思想不谋而合，并为此奠定了理论基础。

四、生态文明理论

生态文明建设是对可持续发展问题认识的升华，其实就是把可持续发展提升到绿色发展高度，前提是尊重自然、顺应自然和保护自然，维护人类自身赖以生存发展的生态平衡，其根本性任务是实现中国特色社会主义生态文明制度的不断完善和环境治理体系与能力的现代化。

中国特色社会主义事业的推进必须以经济建设为中心，但同时，中国现代化建设事业从新时期伊始就不是单一的经济建设，而是包括生态文明建设在内的全面的现代化事业。中国特色社会主义既追求经济的繁荣、共同富裕的实现、社会的和谐，还致力于生态的平衡和社会的可持续性发展的实现（汪希，2016）。当前，中国正处于经济高速发展的工业化、城市化进程中，发达国家过去一二百年遇到的各种生态环境问题，在中国短短40多年的发展中就暴露出来，日益严重的环境污染和生态恶化问题已经成为制约中国经济社会可持续发展的最大瓶颈，为了应对诸多挑战，跳出西方工业文明这一老路，中国探索走建设生态文明的新道路，中国特色社会主义生态文明建设是针对中国经济社会发展中日益严重的生态环境问题提出的，是具有中国特色的，是符合中国现阶段国情的，其目标涵盖了经济、社会、资源、生态环境等诸多方面的内容，体现了生态环境与经济社会协调可持续发展的要求，促进了人类文明进入生态自然和经济社会"双赢"发展的新时代。

"生态文明"是社会发展到特定阶段的产物，人类文明史就是一部人与自然关系的发展史。从其历史演进过程来看，生态文明是人类社会经历了原始文明、农耕文明、农业文明以及工业文明后的又一符合时代发展要求的新的文明形态——生态文明形态，它强调人与自然的协调发展（高栋，2009）。从各个文明形态的角度来看，生态文明是与物质文明、政治文明和精神文明相并列、相互渗透的文明形态，它强调人类在处理人与自然关系时所达到较高的环保意识、可持续的经济发展模式以及更加公正合理的社会制度（王国聘，2008）。生态文明和社会整体文明的其他有机构成部分相互促进、全面协调，走"生产发展、生活富裕、生态良好的文明发展道路"，从根本上解决人自身发展与自然生态之间的矛盾。

党的十七大首次提出"生态文明"概念，把生态文明建设作为实现全面建设小康社会目标的新要求，提出"建设生态文明，基本形成节约能源资源和保护生态环境的产业结构、增长方式、消费方式"。这是党的重要文献首次把对生态环境问题的认识上升到提出生态文明概念的层次，与其他文明并列，这是在生态文明建设领域的一次理论突破。党的十八大以来，转方式、调结构成为经济社会发展的重中之重，对经济发展过程中的生态环境因素的重视也达到了前所未有的高度，以习近平同志为核心的党中央把生态文明建设作为统筹推进"五位一体"总体布局和协调推进"四个全面"战略布局的重要内容，对生态文明建设提出了一系列新思想、新观点、新论断，生态文明建设被提高到国家发展战略的高度，对生态文明的认识更加全面、更加深刻、更加到位。

2012年11月，党的十八大提出"大力推进生态文明建设"的战略决策，从10个方面绘出生态文明建设的宏伟蓝图。2013年，党的十八届三中全会吹响全面深化改革的冲锋号，提出加快建立系统完整的生态文明制度体系，对生态文明建设做出了顶层设计和总体部署。2014年10月召开的党的十八届四中全会提出"全面依法治国推进生态文明建设"。2015年1月1日，新修订的《环境保护法》正式实施，这部被称为史上"最严"的环保法从多个角度体现出前所未有的环境保护治理力度。中国正以前所未有的速度，构建起最严格的生态环境法律制度。2015年3月24日，中共中央政治局召开会议，审议通过《关于加快推进生态文明建设的意见》，要求把生态文明建设融入经济、政治、文化、社会建设各方面和全过程。2015年5月，中共中央、国务院发布《关于加快推进生态文明建设的意见》，对生态文明建设进行全面部署，强调加快建立系统完整的生态文明制度体系，用制度保护生态环境。2015年9月11日，中共中央政治局会议审议通过了生态文明体制改革"四梁八柱"的关键文件——《生态文明体制改革总体方案》，把制度建设作为推进生态文明建设的重中之重，着力破解制约生态文明建设的体制机制障碍，构建产权清晰、多元参与、激励约束并重、系统完整的生态文明制度体系，完善中国生态文明领域改革的顶层设计。2016年，生态文明建设作为"十三五"规划重要内容，通过科技创新和体制机制创新，落实创新、协调、绿色、开放、共享的发展理念，形成人和自然和谐发展的现代化建设新格局。2017年10月18日，党的十九大报告明确提出了加快生态文明体制改革。深刻指出建设生态文明是中华民族永续发展的千年大计[①]。十八届五中全会提出"五大发展理念"——创新发展、协调发展、绿色发展、开放发展和共享发展是中国共产党人对近40年"中国式奇迹"的经验总结，其中"绿色发展"理念与生态文明建设的要求是内在一致的。2018年3月，党的十三届全国人大一次会议表决通过《中华人民共和国宪法修正案》，把发展生态文明写入宪法。2018年5月19日，在全国生态环境保护大会上，习近平总书记进一步指出"生态文明建设是关系中华民族永续发展的根本大计"，加快构建生态文明体系。2019年10月，党的十九届四中全会通过的《中共中央关

---

① 人民网. 社会主义生态文明观［EB/OL］. http://theory.people.com.cn/n1/2018/0823/c413700-30246346.html，2018-08-23/2019-09-13.

于坚持和完善中国特色社会主义制度、推进国家治理体系和治理能力现代化的若干重大问题的决定》把"坚持和完善生态文明制度体系，促进人与自然和谐共生"作为中国特色社会主义制度中的重要组成部分。2021年11月，党的十九届六中全会通过的《中共中央关于党的百年奋斗重大成就与历史经验的决议》对十八大以来形成的习近平生态文明思想和生态文明建设取得的成就进行了科学总结，党的二十大报告再次指明了生态文明建设的重要性，中国式现代化道路是人与自然和谐共生的道路。

作为一场前所未有的深刻的社会变革，生态文明建设涉及生产方式、生活方式、发展模式的重大调整，影响到人与自然、人与社会、人与人之间关系的深度重构，在历史与逻辑相统一的进程中汇聚成引领未来的磅礴力量。总体来说，党的十八大以来的一系列根本性、长远性、开创性工作推动生态文明建设和生态环境保护从实践到认识发生了历史性、转折性、全局性变化，标志着党对中国特色社会主义规律认识的进一步深化。从原则、要求、方针、理念、目标等方面丰富了中国生态文明理论的内容，是中国环境保护观念的提升与发展的重大转变。经过各种重要讲话以及会议的讨论，提出保护环境就是发展生产力，生态文明关乎人民福祉，要靠制度和法治来建设生态文明等思想，为推进中国特色社会主义生态文明建设实践提供了理论武器，尤其是随着中国经济社会发展进入新常态，资源环境与经济发展之间的关系更加重要，不可否认的是，中国的生态环境污染不容乐观，生态文明建设仍然在路上，因此生态保护与高质量发展融合已成为中国当前生态文明发展的必然趋势。

马克思主义生态文明思想是中国特色社会主义生态文明理论形成和发展的基础。马克思主义生态观"确证了自然界永续存在的权利和价值，为当代生态伦理建设确立了基本价值原则，为当代生态文明建设提供了科学理论基础，同时也为最终解决当代生态问题指明了方向"（黄斌，2010）。生态文明是以人与自然、人与人、人与社会和谐共生为宗旨的文化形态，从根本上转变了社会价值观、伦理价值观以及生产消费方式。其科学内涵主要包括以下方面：一是人与自然和谐相处、共生共荣；二是满足人类发展的物质需求必须认识到资源的有限性，尊重自然、顺应自然、保护自然；三是人类的社会行为要符合生态道德标准；四是人类的物质生产、生活消费方式要生态化、理性化，使自然生态系统和人类社会系统实现动态协调、平衡与发展。生态文明建设要做到坚持尊重自然、顺应自然、保护自然的生态文明观念，坚持节约优先、保护优先、自然恢复为主的方针，坚持节约资源和保护环境的基本国策，推进绿色发展、循环发展、低碳发展的发展战略，形成节约资源和保护环境的空间格局、产业结构、生产方式和生活方式（卢黎歌和李小京，2013）。

总体来说，中国社会主义生态文明理念走过了一条从初级向高级发展的演进之路，是具有中国特色的符合中国国情发展的理念，是中国生态文明理论与实践完善程度的阶段性反映。作为"五位一体"总体布局的重要组成，生态文明建设被放在突出地位，是人类为保护和建设美好生态环境而取得的物质成果、精神成果和制度成果的总和，融入经济建设、政治建设、文化建设、社会建设各方面和全过程，是实现可持续发展的一项系统工程，同时也与新发展理念中的绿色发展的要求一致，坚持绿色富国、绿色惠民，着力促进人与自然和谐相处，以效率、持续、和谐为目标坚持协调发展、绿色发展。根据生态文明的科学内涵，认为环境保护是生态文明建设的主阵地，生态文明建设的核心就是处理好人与自然的关系，是人类对自然的态度和行为超越了敬畏自然、反思了征服自然，最终走向人与自然和谐相处的理性的价值取向。建设生态文明需要系统的环境保护的政策设计、制度安排和深入实践，而这些都是必须以环境保护为前提，因此环境保护是生态文明建设的主阵地（肖文华，2012）。此外，实现生态文明建设的根本途径是采用可持续的经济发展模式。传统的工业模式是以牺牲环境为代价发展经济，由此带来了许多严重的生态和社会问题，应坚持经济建设与环境保护相协调，大力推进发展方式的转变，构建资源节约型和环境友好型的"两型"社会。生态文明建设所蕴含的经济与自然协调发展的观念也与本书中生态保护和高质量发展融合的理念相一致，同时正因其中国特色及其本土性，才更适用于中国当前的经济发展现状、更适用于探索中国生态保护与高质量发展融合的路径，为中国环境保护与高质量发展融合奠定了坚实的理论基石。

第二节　高质量发展的理论基础

生态环境问题归根结底是低质量发展带来的，只有通过高质量发展才能得到解决。新时代加快推进中国经济高质量发展，首要的就是坚持和贯彻绿色发展理念，正确处理经济发展和生态保护的关系，着力实现绿水青山与金山银山的有机统一，以经济高质量发展助推美丽中国建设（朱英明，2019）。因此，高质量发展的理论基础主要是围绕环境保护与经济增长关系的研究。本节从环境库兹涅茨曲线理论和现代经济增长理论的拓展来阐述高质量发展的理论基础。

一、环境库兹涅茨曲线理论

随着经济的发展，有限的环境资源面临着来自人类诸多方面的需求压力，经济增长与资源利用之间的矛盾日益突出，经济的快速发展伴随着严重的环境污染，由此带来环境资源越来越稀缺，环境约束趋紧使人们开始关注经济增长与环境污染之间的关系问题，环境质量与经济增长的关系也成为学术界的热点问题。

1955年，诺贝尔经济奖获得者、美国经济学家库兹涅茨（Simon Smith Kuznets）在研究经济增长和收入不平等的关系时发现：随着人均收入的增长，收入分配不平等呈现先扩大再缩小的趋势。在以人均收入为横轴，收入不平等为纵轴的二维直角坐标系中，呈现一种倒U形的关系，人们将此曲线称为库兹涅茨曲线。Grossman和Krueger（1991）首次实证研究了环境质量与人均收入之间的关系，指出污染在低收入水平上随人均GDP的增加而上升，在高收入水平上随 GDP 增长而下降。Panayotou（1993）进一步的实证研究发现环境污染水平与人均收入之间存在着倒 U 形的关系，称为环境库兹涅茨曲线（Environment Kuznets Curve，EKC）。EKC 揭示了当一个国家经济发展水平较低时，环境污染的程度较轻；但是随着人均收入的增加，环境污染由低趋高，环境恶化程度随经济的增长而加剧；当经济发展达到一定水平后，即到达某个临界点或"拐点"以后，随着人均收入的进一步增加，环境污染又由高趋低，其环境污染的程度逐渐减缓，环境质量逐渐得到改善。

环境库兹涅茨曲线是一个经验规则，这种倒 U 形关系背后的机理和原因更值得探究。环境变化与收入水平之间的倒 U 形关系形成的根本原因是经济增长、结构变迁与环境保护之间的动态关系。在经济发展初期，工业化水平较低，资源开采和利用水平较低，资源基本上保持原生状态，同时，工业生产所释放的污染物也可以被自然环境所吸收，因此生态环境保持良好状态。在经济增长加速时期，工业加速扩张，尤其是重工业扩张更快，而工业尤其是重工业对能源和资源的开发和利用强度加大，同时污染物加倍排放，以至于超过了自然界的自净能力，致使资源耗竭和环境状况不断恶化。但到了发展后期阶段，工业化实现之后，工业尤其是重工业部门在国民经济中的比重持续下降，而服务业比重持续上升，而服务业对资源利用强度和污染物排放较工业要低，环境污染得到逐步控制。当然，除经济发展和结构变迁外，环保意识的增强、环保产品需求的增加、环保政策的加强、环保投入力度的增加以及环保技术的进步，均是推动环境改善的重要因素。但这些因素都是伴随经济发展而出现的。有人认为，环保意识淡薄、环保重视不够、环保投入较少是导致环境不断恶化的主要原因。其实，这只是经济发展的结果，而不是原因。设想在贫困阶段，人们的温饱问题还没有解决，如何生存是最大问题，在这个时期，若要求人们首先想到如何享受清新的空气，如何欣赏大自然美景，并且把大量资源用于治理环境，那是天方夜谭。

虽然许多学者肯定了环境库兹涅茨曲线在研究增长与环境之间倒 U 形

关系的重要性，但部分研究者也质疑 EKC 的存在。一些学者从模型假设、论证及其政策适用性等方面进行了批判性思考，认为环境库兹涅茨假说存在一些缺陷（Bruyn & Heintz，1998；Arrow et al.，1996；Selden & Song，1994；陈雯，2005；于峰，2006）。尽管环境库兹涅茨曲线理论存在着争论，但自 20 世纪 50 年代初被提出以来，这一假说受到了学术界和政界的广泛关注，成为研究经济增长与环境质量之间关系的重要理论。因为它符合经济发展过程的客观规律，已成为世界各国制定本国环境政策和协调国际环保行动的理论基石。

环境库兹涅茨曲线反映的是环境质量与经济增长这两个分属于环境系统和经济系统的指标之间的关系，将两者综合成一个大系统，从而分析两者之间的相互作用关系，揭示了环境污染与经济发展之间"两难"和"双赢"两个阶段的关系，还有一个比较关键的转折点位于"双赢"区间和"两难"区间之中。在"双赢"区间内，环境污染与经济发展呈负相关关系，这也是目前我们所追求的目标，期望可以在保持经济增长的同时减少环境污染。污染排放随人均收入变化呈现出的 EKC 的机制体现了经济发展不能忽视生态环境保护，即实现经济高质量发展。本书生态保护和高质量发展融合正是"双赢"的体现之一。

二、绿色索洛模型

1956 年，罗伯特·索洛教授提出了索洛模型（Solow Model），认为将要素之间的投入比例固定不变是不合理且脱离实际的，提出资本与劳动力投入之间有一条平滑的替代曲线，并且索洛模型是在规模报酬不变以及生产要素的边际报酬递减的假设下成立的。索洛模型的基本思路是保持劳动力和技术不变，逐步放宽假设，研究经济增长。尽管索洛模型的假设条件过于理想，但其模型形式和基本思想为后来学者们研究经济增长提供了坚实的基础。

随着生态环境问题日益受到关注，仅仅关注经济增长数值难以衡量出经济增长背后的环境污染以及由此造成的经济损失。Brock 和 Taylor

（2004）在索洛模型的基础上，将污染削减因素补充到索洛模型的假定中，拓展为研究经济增长与环境质量之间关系的绿色索洛模型（The Green Solow Model）。由于高质量发展水平是在考虑资源环境可持续发展的条件下的经济发展质量的提升，因此有较多学者利用绿色索洛模型测算出绿色全要素生产率（Green Total Factor Productivity，GTFP）来衡量高质量发展水平。

首先，设定生产函数。L 为劳动投入，K 为资本，A 为技术，Y 为产出，生产函数为：

$$Y(t) = F(A(t), K(t), L(t)) \tag{3-1}$$

且模型符合以下条件：

$$f_K'(\cdot) > 0, \ f_L'(\cdot) > 0, \ f_K''(\cdot) < 0, \ f_L''(\cdot) < 0 \tag{3-2}$$

由于索洛模型忽略了能源环境因素和生产技术的无效率。因此，在此模型的基础上，Brock 和 Taylor（2004）在假设中将污染削减强度作为外生变量引入模型，衡量经济活动中用于污染削减的部分所占的比例。在模型设定中假定污染不存在结构效应，同时忽略技术进步和环境政策变化对污染削减的影响。为了研究污染对产出的影响，要确定污染排放总量(E)，而污染排放量取决于现有的经济活动规模(F)和为减少环境污染付出的经济努力(F^τ)。假定该函数规模报酬不变，总的污染排放量(E)可以表示为：

$$E = \omega F\left(1 - \tau\left(1, \frac{F^\tau}{F}\right)\right) = \omega F \rho(\theta), \theta = \frac{F^\tau}{F} \tag{3-3}$$

其中，ω 是常数，被假定为单位经济活动中所产生的污染量，τ 表示污染削减量，θ 为环境污染强度。由于最终的产出需要扣除环境污染强度 θ 的影响，因此生产函数可以调整为：

$$Y(t) = (1 - \theta)F(K(t), A(t), L(t)) \tag{3-4}$$

在规模报酬不变的情况下，式（3-4）可以转换为：

$$k = \frac{K}{AL}, \ e = \frac{E}{AL}, \ y = \frac{Y}{AL} = (1-\theta)F(k, 1) = (1-\theta)f(k) \tag{3-5}$$

通过公式推导可以得到人均资本存量的变化公式：

$$\dot{k}=sf(k)(1-\theta)-(\delta+n+g)k \tag{3-6}$$

其中，储蓄率用 s 表示，资本折旧为 δ。$sf(k)(1-\theta)$ 为实际投资。$(\delta+n+g)k$ 为持平投资。其中 δ、n 和 g 分别为资本、劳动和技术的增长率。

如图 3-1 所示，当 $\dot{k}=0$ 时，经济达到均衡，此时绿色全要素生产率为：

$$GTFP=g=\frac{s\left[(1-\theta)\dfrac{e}{\omega\rho(\theta)}\right]}{k}-\delta-n \tag{3-7}$$

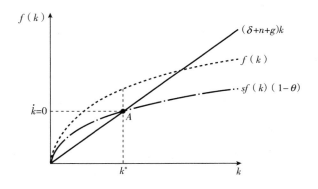

图 3-1　绿色索洛模型

综上所述，基于对新古典经济增长理论的分析可以发现，贯穿于生产实践整个过程的各个投入要素和产出要素均会对高质量发展水平的提升产生作用和影响，从而促进资源环境保护和经济增长的双赢。绿色索洛模型兼顾了技术进步和资源环境对于经济发展的影响，它的提出为研究考虑资源环境的经济增长质量问题提供了理论支持。

第三节　生态保护与高质量发展融合的理论基础

本节用共生理论、能源—经济—环境系统理论及"绿水青山就是金山银山"理论来梳理生态保护与高质量发展如何融合。

一、共生理论

德国真菌学家 Anton Debary 于 1879 年首次提出"共生"（Symbiosis）的概念，并将其定义为"不同种属的生物按某种物质联系共同生活，双方均获得利益"，为当时的生物学研究提供了全新的切入视角。"共生"指各个共生单元之间，在一定的共生环境中按某种共生模式形成的关系。共生关系的形成必须存在共生界面和共生机制，表现为共生单元之间物质、信息或能量的联系以及共生度逐渐提高的过程。随后，以 Lynn Margulis 为代表的美国生物学家在盖亚假说（Gaia Hypothesis）[①] 的基础上总结了"共生理论"（Symbiosis Theory），包含了共生的单元、模式和环境这三个重要概念。共生原属自然生态学概念，但是针对其定义也有一定的争议。有的科学家认为不同生物主体间密切联系、互利发展的关系为共生，有的科学家认为不同生物主体间只要存在密切的关系，不论是双方互利抑或是一方获利一方受损都属于共生关系。本书将共生的概念界定为不同主体间通过密切的合作关系，不论主观、客观与否，只要产生获利关系即为共生关系（钟子倩，2016）。

目前，共生关系的应用范围不仅仅在生物领域，逐步应用于社会学、哲学、公共关系学以及经济学等领域。其中应用于经济管理学领域的研究

[①]　盖亚假说由英国大气学家詹姆斯·洛夫洛克（James E. Lovelock）在 20 世纪 60 年代末提出的，是指在生命与环境的相互作用之下，使地球适合生命持续的生存与发展。

较早始于国外。Corning（1983）研究农业生产系统中各方面的关系，认为系统中存在一方有利但另一方受损的共生关系；随后，学者开始将共生理论应用于工业经济中，认为不同企业及产业链、供应链上下游企业间通过副产品流通互用形成了互惠共生的关系（Lowe，1997）。国内共生学的研究开始相对较晚，中国学者袁纯清（1998）最先对共生理论进行研究，将共生学理论和国外研究成果引入国内，并将共生理论扩展到经济学领域，研究了小型经济体中的共生现象，认为"共生不仅是一种生物现象，也是一种社会现象；共生不仅是一种自然状态，也是一种可塑形态；共生不仅是一种生物识别机制，也是一种社会科学方法"，提出"从一般意义上说，共生指共生单元之间在一定的共生环境中按照某种共生模式形成的关系"。

在经济社会大系统中，共生关系从静态看，是指区域内人口、生态、资源、经济、社会等各要素间的关系达到和谐共处的性质和状态；从动态看，不仅是指当前经济、社会、生态结构之间的和谐关系，更注重系统内各要素内部循环发展的能力和各要素协调发展的趋势，也表现为流域内的各地区间、部门间、各经济主体间密不可分、相互依赖。例如，区域经济一体化、区域经济合作发展等都是共生在经济社会发展领域的应用。近年来，生态问题突出甚至影响了经济的发展，中国乃至全世界都对生态保护问题给予了足够重视，生态与经济融合共生的相关理论与实践备受关注，学者开始探讨建立生态—经济—社会体系，设立生态和经济发展的双目标，使两者相互依存、互相作用、共生共荣、和谐发展，从而实现经济发达、环境优美、人民生活美满幸福。因此，共生理念也在探讨生态保护与经济发展融合共生方面有所运用。

共生系统由共生单元、共生模式和共生环境三大要素组成。共生单元是指构成共生体或共生关系的基本能量生产和交换单位，它是形成共生体的基本物质条件；共生单元相互作用或结合的方式为共生模式；共生单元以外的所有因素的综合即为共生环境。共生系统是由共生单元按某种共生模式构成的共生关系的总和。共生反映了组织间的相互依存关系，这种关系的产生和发展可以产生共生能量，从而让组织向更有生命力的方向演化，体现了共生关系的协同作用和创新活力（袁纯清，1998a，1998b）。在经济领域，这种关系可以促进经济资源的有效配置，从而成为促进经济创新、基础创新、制度创新的基本动力，因此共生的深刻本质是共同进化、共同发展、共同适应。

对黄河流域来说，黄河流域生态系统的整体性使得流域上、中、下游各个地区形成事实上的共生关系，其沿线各区域可作为一个多元共生体，形成自然—经济—社会协同系统。这个多元共生体包含以山水林田湖草为主体的自然生态共生单元、以水资源利用和开发以及沿线产业集聚发展为主体的经济共生单元、以人口区域划分为主体的行政共生单元等，各个微观共生单元因共生体系内的相互碰撞与联系产生紧密关系，某一地区生态环境的改善或恶化势必对相邻区域产生有利或不利的影响，这种共生体关系存在并且影响黄河流域整体的资源分配、产业安排与经济绩效。在这样一个自然—经济—社会持续发展的空间多元共生体内，由于各组成部分之间紧密的联系所形成的系统性、复合性特点，生态保护与经济高质量发展融合共生显得尤为重要。

总体来说，共生理论为生态保护与高质量发展融合发展提供了研究视角、指明了方向。一方面，就各个不同的行为个体而言，政府的目标是引导社会经济的健康发展，保证社会整体的可持续发展，但其业绩体现在GDP的增长，从而可能以牺牲环境为代价；区域环保组织的目标是实现自然生态环境的优化，企业的目标是实现企业利益最大化，在此过程中也会对环境产生破坏作用；消费者的目标是满足自身需求并追求效应最大化，并不会在意生态保护成本在商品中的体现。各个行为主体之间由于产生冲突从而产生了当前经济增长与生态保护的矛盾，因此生态保护与经济融合共生发展具有必要性。另一方面，共生理论的核心是平等合作、共同发展，最终实现互惠共生的格局（苏静等，2013）。针对流域而言，形成区域自然—经济—社会持续发展共生的体系，综合自然、经济、社会、生态等要素，有助于形成流域内省际共建共享机制、上中下游间生态补偿机制，通过形成互惠共生关系使得体系产生更大的共生能量，从而让体系向更优质、更有生命力的方向演化。由此可见，这一理论与本书生态保护与经济高质量发展融合发展理念相契合，为本书讨论二者融合发展提供了理论依据和研究视角。

二、能源—经济—环境系统理论

现代能源生产和消费在促进经济发展的同时，给生态环境带来巨大的压力，进而制约着经济可持续发展。随着后工业时代的来临，能源供给的短缺与日益严重的环境污染即将或者已经成为制约中国经济实现新一轮高速增长的瓶颈之一。要实现经济高质量发展，必须走可持续发展道路。对系统协调发展进行深入研究，必须深入剖析系统的结构和各子系统之间的关系。随着对能源—经济、经济—环境和能源—环境二元系统研究的不断深入，世界各国政府和专家学者都深刻地认识到应当将能源、经济、环境三大子系统联系起来，构建能源、经济、环境协调发展的三元体系，分析三者内部以及三者之间的发展规律与内在关系，并对其系统平衡发展开展综合研究，以实现系统的整体福利最大化（苏静等，2013）。

能源—经济—环境（Energy-Economy-Environment，3E）复合系统的子系统之间的耦合关系是经济、能源和环境子系统之间，子系统各要素之间交互作用、相互依存的关系。经济子系统的发展为复合系统发展提供了动力，拉动了能源系统的支撑能力，产生的排放物对环境子系统的承载作用产生较大的压力。而环境子系统可以通过人为自然灾害、极端恶劣天气等反应对能源子系统和经济子系统产生负反馈（见图3-2）。

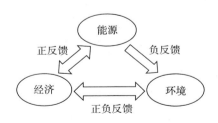

图 3-2 能源、经济和环境系统耦合模型

三、"绿水青山就是金山银山"理论

"绿水青山就是金山银山"理论（简称"两山论"）的提出来自习近平总书记长期对生态文明建设的实践与思考，是对经济发展与生态保护实践诉求的深层回应，更是对可持续发展理论的深化和发展。从发展最紧迫的地方入手，凸显出对生态问题的重视，生动形象地阐明了经济发展与生态保护的辩证关系，对发展观做出了新诠释，为生态建设指出了新方向（姚茜和景玥，2017）。"绿水青山就是金山银山"理论的发展可以分为提出、发展和深化三个阶段。

（一）提出阶段（2005~2011年）

2005年8月15日，时任浙江省委书记的习近平在浙江省安吉县天荒坪镇余村考察时提出了"生态资源是最宝贵的资源，绿水青山就是金山银山。不要以牺牲环境为代价推动经济增长"。"两山论"开始进入公众视野。"绿水青山就是金山银山"指明了经济发展与生态环境保护协调发展的方法论。2006年，习近平在实践中进一步深化"两山论"，深刻阐述了"两山"之间的内在关系的三个阶段：一是用绿水青山去换金山银山；二是既要金山银山，也要保住绿水青山；三是绿水青就是金山银山。对三个阶段的认识，反映了发展的价值取向从经济优先，到经济发展与生态保护并重，再到生态价值优先、生态环境保护成为经济发展内在变量的变化轨迹。保护生态环境不是不要发展，而是要更好地发展。生态环境越好，对生产要素的集聚力就越强，就能推动经济社会又好又快发展。

（二）发展阶段（2012~2016年）

党的十八大以来，"两山论"被赋予新的时代内涵，在实践中日臻丰富完善，一套科学完整的理论体系已经形成。2013年，国家主席习近平在哈萨克斯坦纳扎尔巴耶夫大学发表演讲时提出："我们既要绿水青山，也要金山银山。宁要绿水青山，不要金山银山，而且绿水青山就是金山银山。"党的十八大以来，随着生态文明制度建设的全面推进，"绿水青山就是金山银山"理念作为核心理念和基本原则被全面贯彻到生态文明建设的各项制度之中。2015 年 3 月 24 日,"坚持绿水青山就是金山银山"被写进了《关于加快推进生态文明建设的意见》,为"十三五"规划提出绿色发展理念提供了理论支撑。2015 年 9 月,中共中央、国务院制定出台《生态文明体制改革总体方案》,要求"树立绿水青山就是金山银山的理念",加快建立系统完整的生态文明制度体系。在"绿水青山就是金山银山"理念的指导下,为从根本上解决最突出、最紧迫的环境问题,国务院相继出台了《大气污染防治行动计划》《水污染防治行动计划》《土壤污染防治行动计划》等系列文件,先后实施了《党政领导干部生态环境损害责任追究办法(试行)》《生态文明建设目标评价考核办法》等管理办法。2016 年,第二届联合国环境大会发布的《绿水青山就是金山银山:中国生态文明战略与行动》报告指出,以"绿水青山就是金山银山"为导向的中国生态文明战略为世界可持续发展理念的提升提供了"中国方案"和"中国版本"。

(三)深化阶段(2017 年至今)

2017 年,"必须树立和践行绿水青山就是金山银山的理念"被写进党的十九大报告;2017 年 10 月,"增强绿水青山就是金山银山的意识"被写进新修订的《中国共产党章程》中。"两山论"已成为中国共产党的重要执政理念之一。在 2018 年 5 月召开的全国生态环境保护大会上,习近平总书记进一步指出,"绿水青山就是金山银山"阐述了经济发展和生态环境保护的关系,揭示了保护生态环境就是保护生产力、改善生态环境就是发展生产力的道理,指明了实现发展和保护协同共生的新路径。全国生态环境保护大会正式确立了习近平生态文明思想,"两山论"成为六项重要原则之一。"绿水青山就是金山银山"理论内涵丰富、思想深刻、生动形象、意境深远,是习近平生态文明思想的标志性观点和代表性论断。"两山论"的不断深化为中国可持续发展奠定了坚实的理论基石,为新时代推进生态文明建设指明了方向,引领中国走向绿色、可持续发展之路[1]。

"绿水青山就是金山银山"理论是符合社会发展规律和人类文明演进

---

① 人民网.中国为什么提"绿水青山就是金山银山"? [EB/OL].https://baijiahao.baidu.com/s?id=16441628528710269991&wfr=spider&for=pc,2019-09-09/2020-02-14.

的必然选择，在中国出现有其必然性。首先，"两山论"立足于中国国情，内容丰富、博大精深，渗透到生态文明建设的全方位和全过程，深刻地揭示了生态系统的生态价值和经济价值的双重属性，反映了人与自然之间物质变换的客观规律，深刻回答了如何正确处理好经济发展与生态环境保护的关系，为加快推动绿色发展提供了方法论指导和路径化对策；其次，"两山论"体现了对自然规律的准确把握，继承和发展了马克思主义生态观，蕴含和弘扬了天人合一、道法自然的中华民族传统智慧，开辟了处理人与自然关系的新境界；最后，"两山论"贯穿了坚持以人民为中心的发展思想，是对民生内涵的丰富发展，彰显了以人为本、人民至上的民生情怀，容易转化为人民的自觉实践（陈光炬，2018）。

总的来说，走"绿水青山就是金山银山"的发展之路，是一场前无古人的创新之路，是对原有发展观、政绩观、价值观和财富观的全新洗礼，是对传统发展方式、生产方式、生活方式的根本变革。经济发展与生态环境保护的关系，就是"金山银山"与"绿水青山"之间的辩证统一关系，必须在保护中发展，在发展中保护。"两山论"指明了经济发展与生态环境保护协调发展的方法论，是对可持续发展理论的深化和发展，也是执政理念和方式的深刻变革。深刻认识和把握"绿水青山就是金山银山"理念的逻辑，及时总结推广生态文明建设实践的鲜活经验，为中国当下确立科学合理的发展方式提供了价值标准和行动遵循，对建设生态文明、建设美丽中国具有重要的理论和现实意义。

本章小结

本章从理论的角度探析生态保护与高质量发展"为什么融合"，为后续章节的融合机理阐释、融合效应测度以及融合路径分析奠定了坚实的理论基础。本章分别从生态保护、高质量发展和二者融合发展的相关理论进行分析，并就各个理论的背景、演变和内容进行了系统性的梳理和归纳，就其支持生态保护和高质量发展融合的依据进行了分析。在生态保护理论方面，稀缺性理论、马克思主义生态观、可持续发展理论和生态文明理论体现了生态保护的必要性和重要性，要求经济发展一定要重视生态保护，处理好资源、环境与发展的关系。在高质量发展理论方面，环境库兹涅茨曲线理论为分析环境保护与经济增长之间的非线性关系提供了基础，而绿色索洛模型从现代经济增长理论分析了环境保护在经济增长质量测度中的重要性。在生态保护和高质量发展融合理论方面，共生理论、能源—经济—环境系统理论、"绿水青山就是金山银山"理论均提出了二者融合发展的重要性与必要性。总体而言，本章的理论分析为探索黄河流域生态保护与高质量发展融合提供了坚实的理论支撑。

第四章
黄河流域生态保护和高质量发展融合的
文献支撑

　　要正确认识黄河流域生态保护与和高质量发展融合问题，需要站在巨人的肩膀上，梳理相关理论及文献，经济发展一定会带来环境恶化吗？经济产出与环境质量真的不可调和吗？国内外学者为回答此问题，对环境污染与经济发展之间的关系进行了充分讨论，采用不同的研究方法、选取不同的研究区域，对不同的研究对象进行研究，极大地丰富了相关研究成果，也为本书讨论生态保护和高质量发展融合提供了丰富的文献支撑。本章分别从高质量发展相关研究以及生态保护与经济高质量发展相关研究两个方面对相关文献进行梳理和评述。

第一节　生态保护与经济增长关系研究

　　工业化和城市化的快速发展给生态环境带来了许多负面影响，学术界对环境保护与经济增长之间的关系进行了广泛研究，以解决环境污染问题。最早始于 20 世纪 90 年代，Grossman 和 Krueger（1995）采用计量经济学的方法，提出环境库兹涅茨曲线（Environmental Kuznets Curve，EKC），认为随着经济发展水平的提高，环境质量呈现倒 U 形演变，即环境质量随着经济增长会出现先恶化后改善的过程。围绕着环境库兹涅茨曲

091

线假设，国内外学者不断对环境保护与经济增长之间的替代关系进行理论探讨和实证研究。许多学者肯定了环境库兹涅茨曲线在研究增长与环境之间倒 U 形关系的重要性（包群和彭水军，2006），但不同地区或者行业的不同污染物与经济增长之间的关系存在不确定性（Bruyn & Heintz，1998；李达等，2021）。针对国内现状，有学者研究认为中国存在环境库兹涅茨曲线（张晓，1999；吴玉萍等，2002；岳利萍和白永秀，2006；许广月和宋德勇，2010），也有学者认为中国尚不存在经济增长与环境污染之间的 EKC 关系（王良健等，2009；曹光辉等，2006），还有学者根据实证研究认为环境保护与经济增长之间并非呈现倒 U 形变化，如何枫等（2016）研究雾霾污染与经济增长之间的关系，认为从全国来看，两者呈现 N 形，且存在地区异质性，即西部呈现 U 形，东部呈现倒 N 形，中部呈现 N 形。

随着人类社会与生态环境的矛盾日益加深，生态环境保护对经济增长和社会发展的影响备受关注，一些学者将生态环境保护作为影响经济社会发展的一种变量引入增长模型，探讨生态环境质量与经济增长之间的关系。Becker（1982）、Chichilinsky（1994）等将环境污染变量纳入新古典生产函数和效用函数分析经济与环境的关系。Bovenberg 和 Smulders（1995）、Grimaud 和 Rouge（2005）则在内生经济增长理论的框架下，将污染程度引入生产函数，考察经济平衡增长的路径。在国外研究成果的基础上，国内学者大多将环境污染因素纳入经济增长模型中（彭水军和包群，2006），以衡量绿色经济增长（王兵和刘光天，2015）以及经济高质量发展水平（黄庆华等，2020）。这两种研究思路都是将生态环境保护因素作为内生变量以探究环境污染治理在提升经济增长质量方面的积极作用。

随着国内外学者的研究不断深入，公认经济与生态的关系研究是一个复杂的问题，学者在生态保护与经济增长融合发展方面，对是否要进行融合发展、融合水平如何以及如何实现融合等方面都进行了探讨。

大多数学者就环境保护与经济增长融合发展的必要性达成了一致见解，认为环境保护与经济发展融合是系统性工程，离不开多方合作与协同推进，应将经济和环境高度融合，在发展经济中保护环境，在保护环境中尽可能发展经济（谭会萍和田森，2005；马沛，2010；鲁乐等，2011；张平淡等，2012；王育宝等，2019；任保平和豆渊博，2021）。

在肯定了融合发展的基础上，学者采用不同的研究方法衡量二者的融合水平，如 DEA 方法（柯健和李超，2005；徐婕等，2007）、ESV 模型（魏伟等，2018）、系统动力学（陈祖海，2004）、博弈理论（李崇阳，2002）、耦合协调模型（彭博等，2017）、经济—资源—环境三维系统（盖美等，2018）等。其中最常用的方法是通过建立耦合模型，测算二者的耦合协调度来评价二者协调发展的现状。由于环境保护与经济增长的衡量指标以及研究样本范围的不同，导致该领域的研究更加多样化。如宋红丽等（2008）从经济能力、经济效益和经济结构三个方面衡量经济综合发展指数，从大气环境变量、水环境、生态建设和经济—环境关联变量四个方面衡量环境综合发展指数，研究认为经济与环境之间存在交互耦合关系，西安 1995~2004 年经济与环境耦合水平处于拮颃时期，但有不断加大的趋势。滕海洋和于金方（2008）从经济实力、经济效益、经济结构三个方面衡量经济系统，从大气环境变量、水环境变量、固体废弃物环境变量、生态保护和破坏变量四个方面衡量生态环境系统，将 2000~2006 年数据与1999 年相比较，认为山东已认识到经济与环境协调的重要性，协调度呈波动状态，经济和生态环境矛盾依然存在，生态环境压力较大。江红莉和何建敏（2010）建立经济与生态环境系统协调发展的动态耦合模型，对江苏经济与生态环境系统的协调发展进行了研究，认为 1995~2007 年江苏的耦合协调度经历了"九五"期间的快速下降和 2001 年后的快速上升两个阶段。此外，张富刚等（2007）、陈东等（2004）、韩瑞玲等（2011）、崔盼盼等（2020）、石涛（2020）分别对海南、湖南、沈阳和黄河流域的经济系统和环境系统的耦合协调度进行分析。

针对环境保护与经济发展协调存在的问题，一些学者关注二者融合的实现路径。例如，夏光（2012）提出实行从严从紧的环境保护政策、对重要生态系统实行休养生息、在特殊区域实行环境优先战略方针以实现经济发展与环境保护相互融合。刘鸿亮等（2015）提出建立经济发展与环境保护融合决策体制和协同运行机制。李善同和刘勇（2001）提出环境与经济协调发展的对策和措施有：通过提高环境保护意识和健全立法来提高整个社会的重视，通过充分运用市场机制和政府积极干预来增加环保资金投入，通过运用技术来控制污染源和污染物。陈祖海（2004）提出构建生态—经济—社会反馈机制，将生态环境与经济可持续发展两个反馈机制联结起来，建立环境资源产权制度、理顺环境资源价格体系等促进生态与经济的协调发展。杨林和陈书全（2005）认为资源、环境和经济融合共生是必须的，并且这种融合共生关系是在一定的法律法规制度下进行的，因此需要进行制度创新，采取明晰的环境资源产权制度、完善的宏观配套制度以及有效的微观控制制度等。王丽霞（2020）提出要大力发展循环经济，实现经济与环境协调发展，加快科技创新，通过完善环境保护的法律法规，大力宣传环境保护，加强人们对环境保护的意识等方式，促进环境保护与经济可持续发展的融合。

从整体上看，学术界对环境保护与经济增长的关系进行了丰富的研究，从研究方法看，学者们研究二者融合的方式有很多，最常用的是耦合，且大多采用多指标评价体系来分别衡量生态系统和经济发展系统的水平，但在指标选取和赋权方面主观性较大。从研究范围看，对二者融合发展的研究样本多集中于某一省市或某一地区，对黄河流域环境保护与经济增长的研究有待丰富。且已有黄河流域的相关研究大多选用省域作为研究对象，少数研究选用部分地级市作为研究对象，数据量较少，样本城市的分布有较强的主观性，缺少代表性，因此当前仍缺少对黄河流域内全面的、细致的、客观的环境保护与经济增长定量关系的研究。

第二节　生态保护与经济增长质量关系研究

经济增长影响偏向于对经济增长速度或数量方面的影响，而经济增长不仅包括经济增长速度或数量，还应包括经济增长质量。因此学者逐渐关注到环境保护与经济增长质量这一领域。环境保护与经济增长质量的研究主要集中于环境保护与全要素生产率、绿色全要素生产率和绿色经济效率的研究。二者之间的关系研究主要有基于"创新补偿"假说的促进关系、支持"遵循成本"和"逐底竞争"假说的抑制关系、非线性关系和双向动态关系。

（一）环境保护对经济增长质量的促进作用

Porter 和 Linde（1995）认为环境规制为生产者提升生产率提供了可能，生产率的进步可以分为效率改进和技术改进，严格而恰当的环境规制可以提高资源的利用效率，促进企业的技术进步和创新。刘传江和赵晓梦（2017）将产业分为高碳密集产业、中碳密集产业和低碳密集产业，研究发展根据不同产业的碳密集程度采取有针对性的环境规制强度，有助于将三类产业的"遵循成本"效应转化为"创新补偿"效应，从而实现经济增长和环境保护双赢。李静和沈伟（2012）以及蔡宁等（2014）研究环境规制与绿色全要素生产率之间的关系，认为合理的环境规制对工业绿色全要素生产率有正向影响。孙玉阳等（2019）认为环境规制指数对经济增长质量产生了显著促进作用，并将环境规制划分为行政命令型、市场激励型和公众参与型三类分别进行研究，得到行政命令型环境规制促进经济增长质量的提升、市场激励型抑制经济增长质量的提升、公众参与型暂时未对经济增长质量产生影响的结论。张红霞等（2020）用绿色全要素生产率作为经济增长质量的代理变量，研究认为环境规制对经济增长质量具有正向促进作用，但正向作用只在西部地区显著，在中部和东部却不显著。何兴邦（2018）构建了涵盖经济增长效率、产业结构优化程度、经济发展稳定性、绿色发展水平、福利改善程度和收入分配公平性六个维度的经济增长质量评价体系，认为环境规制有利于促进经济增长质量的改善，但是存在门槛效应，较低的环境规制对经济增长质量无显著影响，只有跨越特定的门槛值后，才会产生显著的促进作用。

（二）环境保护对经济增长质量的抑制作用

有学者研究发现，环境保护对经济增长质量的提升可能起到抑制作用。例如，郭妍和张立光（2015）通过对 1998～2012 年中国工业企业省级面板数据研究，发现环境规制提高 1%，全要素生产率下降 0.028%，由于规制成本较高，抵消了大部分环境规制的创新补偿效应。李春米和毕超（2012）用 DEA-Malmquist 方法分析了环境约束下西部地区工业全要素生产率的变动情况，认为环境规制不利于工业技术进步，且间接制约了工业全要素生产率的提升。因此应进一步优化环境规制工具组合，构建可持续环境规制制度体系。聂普焱和黄利（2013）将工业部门分为高、中、低度能耗产业，认为环境规制阻碍了中度能耗产业全要素能源生产率的提高，高度能耗产业对全要素生产率影响不显著。

（三）环境保护与经济增长质量之间存在非线性关系

有学者认为两者之间存在倒 U 形关系，如孙英杰和林春（2018）用经济全要素生产率作为经济增长质量的代理变量，认为环境规制与经济增长质量呈现倒 U 形关系，并且环境规制强度处于拐点左侧，适当增加环境规制有利于提升经济增长质量，但存在区域差异性，中、西部呈现倒 U 形而东部不存在倒 U 形关系，基于此提出强化环境规制强度和结构是实现经济增长质量的重要路径。陶静和胡雪萍（2019）从结构、效率、稳定性和持续性四个维度构建指标，用主成分分析法测算经济增长的分维度质量，认为加大环境规制强度对中国的经济增长质量具有显著且稳定的促进作用，但二者之间存在倒 U 形关系，且存在区域异质性，即中部地区的促进作用强于西部地区，但对东部地区无明显作用。王雪峰等（2020）以长株潭城市群为研究对象，研究发现环境规制与经济增长质量呈现倒 U 形关系。也有学者认为两者呈现 U 形关系，如李强和王琰（2019）将环境规制类型分为命令控制型、市场激励型和公众参与型，并从"遵循成本"说和"创新补偿"说视角分析环境规制与经济增长质量之间的关系，认为这三种类型的环境规制与经济增长质量均呈现 U 形关系，即在短期内环境规制的促进作用会抑制经济增长质量的提升，在长期有促进作用，且市场激励型环境规制的促进作用高于其他两类。殷宝庆（2012）以及刘和旺和左文婷（2016）也认为环境规制与绿色全要素生产率之间呈现 U 形关系。也有学者分产业或不同环境规制类型，分别研究环境规制与经济增长质量之间的关系，如蔡乌赶和周小亮（2017）将环境规制分为命令控制型、市场激励型和自愿协议型，认为市场激励型对绿色全要素生产率呈现倒 U 形影响，自愿协议型呈现 U 形影响。李玲和陶锋（2012）从产业污染程度的角度，将制造业部门的污染排放强度分为重度、中度和轻度三种，认为在重度污染产业环境规制与绿色全要素生产率之间呈现倒 U 形关系，中度污染产业和轻度污染产业的两者关系呈现 U 形。李斌等（2013）认为环境规制可以通过作用于绿色全要素生产率而影响工业发展方式的转变，但环境规制存在门槛效应：当低于第一门槛值时，环境规制对绿色全要素生产率的促进作用不显著；当介于两门槛值中间时，有明显促进作用；当高于第二门槛值时，产生负面作用。

（四）两者呈现双向动态关系

黄庆华等（2018）研究发现绿色全要素生产率与污染减排成本互为 Granger 因果，与污染排放强度仅存在单向 Granger 因果关系，政府减排政策短期对绿色全要素生产率的影响有时效性，长期却可能诱发企业的污染成本上升而提高污染型经济产出，因此为实现经济发展和环境质量改善的"双赢"，中国政府设立合理的环境政策、提高绿色技术创新补贴。

整体上看，学术界对生态保护与经济增长质量之间关系的研究进行了丰富的讨论，明确了生态保护与经济增长质量之间的关系研究对中国如何在提升经济增长质量的同时保护环境十分重要，但二者之间的作用关系尚未得到统一的结论，且关于二者融合发展方面的研究较为缺乏。

第三节　生态保护与高质量发展的关系研究

在中国经济发展进入新常态的大背景下，从关注经济增长质量转向推动更为全面的高质量发展是适应经济发展新常态的主动选择，也是贯彻新发展理念的根本体现，中国经济已由高速增长阶段转向高质量增长阶段，当前如何建立健全绿色低碳循环发展的经济体系，如何进一步平衡生态保护与高质量发展的关系，也成为了一项重要的时代课题，学者们就二者融合发展的必要性、融合发展水平测度、融合发展的驱动因素以及提升融合发展水平的路径展开了激烈讨论。

一、生态保护与高质量发展融合的必要性

大多数学者就环境保护与经济高质量融合发展的必要性达成了一致见解。王鲍顺（2019）对桐城的社会经济发展进行分析，认为环境保护和经济发展是可以实现"共赢"的，在生态保护与经济发展达到均衡时，可以实现生态保护与高质量发展共同协调发展。刘凯等（2019）、赵荣钦（2020）对人地关系进行了研究，认为自然环境与人类活动强度、规模和方式有不同的交互关系，并构成不同的"人地关系地域系统"，生态保护是对地的保护，高质量发展是对人的发展，高质量发展的关键是正确处理人地关系。王春益（2020）提出保护黄河持久安澜是当代人的历史使命，应该坚持用系统、整体的生态思维认识与治理黄河，坚定生态保护与高质量发展协同进行，创新体制机制。岳海珺（2022）认为生态保护与经济高质量发展趋向耦合共生、耦合协调的良性循环，有助于实现自然与人类活

动的和谐统一，生态保护是高质量发展的自然基础和基本前提，高质量发展是生态保护的外部动力和根本保障。

二、生态保护与高质量发展融合效应分析

在肯定了两者应融合发展的基础上，学者采用不同的方式对融合度进行了探究，如生态足迹、能值改进生态足迹、灰色关联度、单指标量化—多指标综合—多准则集成以及耦合协调度模型等。例如，党小虎等（2008）运用能值和生态足迹分析工具研究了生态经济的耦合。高阳等（2011）采用基于能值改进的生态足迹模型对全国生态经济系统进行分析，考察了区域的可持续性及时空格局变化。孙继琼（2021）借助灰色GM（1，1）模型对生态保护和高质量发展的耦合协调关系进行评价。刘建华等（2020）、张力隽等（2022）在"四准则"——生态环境健康、经济高质量增长、人水和谐共生、人民生活幸福的基础上，构建黄河流域生态保护和高质量发展协同推进量化指标体系，并采用单指标量化—多指标综合—多准则集成方法（SMI-P）对协同度进行量化评估，发现黄河流域整体协同度不高，但呈上升的趋势。石涛（2020）从创新、协调、绿色、开放、共享五个方面构建经济高质量评价体系，运用社会网络分析法从度中心和点中心多维度分析了经济高质量发展与生态保护耦合协调的空间关联及区域联动效应。研究结论发现耦合系数稳中有降，呈集中均匀向相对分散的空间分布格局，空间网络呈现"无标度"和"小世界"特征，存在异质性、脆弱性，联动效应明显。

生态保护与高质量发展融合效应分析常用的方法是建立耦合协调模型，分别对高质量发展子系统和生态保护子系统进行量化，建立耦合协调模型对二者的融合程度进行测度。例如，王渊钊（2022）构建生态环境保护子系统和高质量发展系统的指标体系后，建立耦合协调模型，得出黄河流域宁夏段四市的生态环境保护与经济高质量发展耦合协调度水平差距较大，且所选取的各个指标对耦合协调度都有显著影响。冯小丽（2022）建立耦合协调模型对中国30个省份的耦合协调水平进行测度，认为总体基

本处于初级协调阶段，呈不断上升的良好态势，空间上呈现由南向北、由东向西、由沿海向内陆发展的态势。辛韵（2021）从经济活力、创新驱动、绿色发展、人民生活和社会协调五个方面衡量高质量发展，从污染综合治理能力和水资源可持续能力两个方面衡量环境保护，建立耦合协调评价模型测算两系统的耦合协调度，认为2003~2018年黄河流域各地区耦合协调度逐年提升，由2003年大面积的初级协调向2008年大面积的中级协调转变。王丽娜和张玉宗（2021）应用熵值法、耦合协调度模型以及莫兰指数综合评价经济高质量发展与生态保护间的协调关系。张建威和黄茂兴（2021）通过熵值法对黄河流域2008~2018年的经济高质量发展和生态环境保护耦合协调发展状况进行分析，认为耦合协调度存在区域差异性，且随时间演进趋势发生变化。

随后，也有学者在测算耦合协调度的基础上考察了耦合协调度的时空演变趋势。在时空差异分析方面，部分学者采用传统的基尼系数的方式对耦合协调关系的空间差异进行测度，如岳海珺（2022）研究淮河流域生态保护与经济高质量发展耦合协调性呈显著的空间非均衡分布，区域间差异是耦合协调性空间差异的主要来源。但Dagum基尼系数更好地克服了子样本交叉重叠的现象，可以更准确地进行测算。冯小丽（2022）运用Dagum基尼系数分解法对中国2008~2019年各省份的高质量发展和生态保护耦合协调度的时空差异及演化态势进行研究，发现耦合协调水平总体差距来源于区域间差异和区域内差异，其中前者占比最大，且区域间差异呈反复上升下降的态势，区域内差异呈波动平稳趋势。相似地，师博和范丹娜（2022）运用Dagum基尼系数分解法测算黄河流域中、上游西北地区2004~2018年生态环境保护与城市经济高质量发展耦合协调度的基尼系数，得出基尼系数由0.1497波动下降至0.1093，存在收敛现象，总体差异贡献率最大的为区域内差异，均值为47.54%，中游和上游城市基尼系数均逐渐变小，2017年起中、上游城市耦合协调度差距扩大。

在演进趋势方面，部分学者采用Kernel密度估计、Markov链估计方法和全局Moran指数揭示耦合协调度的动态演进规律及长期转移趋势以及是否存在空间集聚现象。例如，岳海珺（2022）采用 Kernel 密度估计淮河流域整体和各省份耦合协调性分析，认为其均呈现扩大趋势，绝对差异呈缩小趋势，且有明显的正向转移趋势。辛韵（2021）利用 GIS 分析方法进行时空差异分析，同时用探索性空间数据分析方法从全局与局部角度探究耦合协调度的空间自相关性，研究认为黄河流域两系统间耦合协调关系逐步增强，具有显著的空间集聚特征，但全局空间正相关性逐步减弱。师博和范丹娜（2022）运用 Kernel 密度估计法和全局 Moran 指数对黄河流域中、上游城市生态环境保护与高质量发展的耦合协调度的时空演变特征进行研究，整体耦合协调度先上升后小幅回落，西北地区整体和中游地区耦合协调度的差异先逐年缩小后扩大，且并不是随机分布的，而是呈现正向的空间集聚关系，即耦合协调度较大的城市向相似水平的城市靠拢，形成"高—高"集聚特征，耦合协调度较低的城市也趋于集聚，形成"低—低"集聚现象。

三、生态保护与高质量发展融合的驱动因素

学者们为了进一步提升生态保护和高质量发展的耦合协调度，对耦合协调度的影响因素进行了分析。在耦合协调性的影响因素方面，已有文献运用空间计量模型、障碍度模型与多尺度分析等方法进行研究。岳海珺（2022）运用障碍度模型研究发现，经济高质量发展系统的障碍度始终高于生态保护系统，公共交通和开放环境是阻碍二者协调发展的关键障碍因子。冯小丽（2022）运用障碍因子诊断结果，认为影响中国经济高质量发展和生态环境保护两个系统协调水平的最主要因子是创新。辛韵（2021）运用空间自回归模型和地理加权回归模型对黄河流域两系统间的耦合协调关系进行分析，能源利用程度、水资源开发程度、工业化水平和城镇化水平均是重要影响因素，其中能源利用程度是影响耦合度差异化的主要影响因素。

四、生态保护与高质量发展融合的政策路径

为进一步提升生态保护与高质量发展融合水平，学者就二者融合的路

径选择方面也进行了丰富的探讨。例如，任保平和豆渊博（2021）认为经济的活力、创新力和竞争力是高质量发展的根本，而绿色发展与其密切相关。二者融合发展应以绿色发展理念作为指导思想，加强生态保护，并通过促进生态可持续发展来探索环境友好型发展模式，实现经济高质量发展。金凤君等（2020）、马丽田等（2020）、杨开忠和董亚宁（2020）从产业发展和矿石资源开发角度提出融合发展路径，研究发现因黄河流域生态系统薄弱，过度的矿产资源开发容易破坏生态平衡，因此应推动产业发展结构升级、加快产业空间调整，采取分区管制并制定合理协调的矿产资源开发规划策略等方式。安树伟和李瑞鹏（2020）、陈晓东和金碚（2019）从生态优先角度，提出首要的战略性问题是以生态保护为重，强化生态治理，通过加大立法、加强区域分工与联系、引导沿黄各地优化产业结构等方式守住黄河流域的生命底线。金凤君（2019）和郭晗（2020）认为要推动黄河流域保护与经济高质量增长之间的关系，要强化以水为核心的基础设施体系建设，上游以水源涵养为目标，中游以水沙调控为目标，下游以保障河流系统健康为目标，以"三区七群"为基本框架，加强重点生态功能区的保护，建立区域协同治理框架，推进市场化改革，从而实现经济长期的可持续发展。张震和石逸群（2020）、薛澜等（2020）则从法治角度提出生态的法治化是黄河治理的重要思路，应充分认识黄河流域重大国家战略地位，不断完善相关法治体系，保障流域高质量发展。赵悦彤和陶树美（2022）、朱永明等（2021）、任保平和杜翔宇（2021）从加强流域内区域协同发展方面提出应充分考虑各省的实际情况，发挥各地比较优势，因地制宜，探索协同治理策略，不断健全流域内协同治理机制，加强各区域的相互协同，为实现流域内的高质量发展奠定生态基础。相似地，钞小静（2020）、刘贝贝等（2021）、陈晓东和金碚（2019）提出要以生态保护为前提，立足于绿色科技创新，充分发挥改革的推动作用，深化体制机制改革，培育高质量发展新动能。

五、相关研究评述

黄河流域生态保护和高质量发展的研究涉及经济、社会、文化、生态等多方面，在新的经济发展时期，推进黄河流域生态保护与高质量发展融合发展是重要的研究方向。从整体上看，学术界对生态保护与经济增长、经济增长质量和高质量发展的关系进行了丰富的研究，取得了丰硕的成果，在研究方法、研究区域、路径选择等方面都为本书探讨生态保护与高质量发展融合提供了多维的研究视角和坚实的文献支撑。从研究内容来看，现有研究内容丰富，成果有所不同，更加体现了这一研究领域的活力和待研究潜力，学者从生态保护与经济增长、经济增长质量和高质量发展之间的关系，到生态保护与经济增长、高质量发展是否需要融合、融合水平如何以及如何融合等方面均有涉猎。从研究方法看，现有文献采用的研究方法多样，针对同一问题采用的方法也有所不同，为测度指标而构建的指标体系也有所不同，为此方面的研究增加了丰富性。从研究范围来看，现有文献的研究区域广泛，且计量单位各有不同，有以国家、省际和地市级为单位的，也有以流域、城市群、都市圈和经济带为单位的，从不同方位和角度进行研究，也为各个地区提供有针对性的发展建议。

　　然而，已有研究仍然存在以下不足：从研究内容来看，现有研究大多从生态保护视角研究经济增长、经济增长质量，缺少对黄河流域生态保护与高质量发展之间关系的研究。而生态保护与高质量发展相互之间存在诸多内在联系，二者相互作用，大多研究忽视了对黄河流域生态保护与高质量发展耦合协调性的研究。虽然也有学者测算了二者耦合协调程度，但均直接对耦合协调度进行测算，缺乏深入研究两者之间的耦合机制，尤其是缺乏分析二者融合的理论及作用机理的研究，其科学性、必要性也缺乏严谨的学术理论研究与实践论证。从研究范围来看，现有研究多数以省域为研究对象，少数选择地级市为研究对象，对黄河流域生态保护与高质量发展的研究有待丰富。近年来，虽然对黄河流域的研究文献相对增多，但多数文献仍以省域为研究对象，即使有采用地市级为单位的研究，所涉及的地级市数量亦相对较少，缺少代表性。

　　针对以上不足，学者们有待于在研究内容、研究方法和研究范围等方面进行改进：在研究内容方面，应注重加强对生态保护与高质量发展之间关系的研究，在研究二者耦合协调关系的过程中，不仅应对耦合协调度进行测度，更应该加强对二者融合的理论及作用机理方面的分析。本书对生态保护和高质量发展融合的作用机制进行了深入分析，为深入透彻地把握和剖析两者之间关系提供了思路框架，同时以"发现问题—剖析问题—实证分析—解决问题"为研究思路，详细地回答了"是否融合""为何融合"和"如何融合"的问题，同时对国内外有关生态保护与高质量发展融合的经典案例进行总结，以期为黄河流域的融合发展提供经验借鉴，填补相关研究的空白。在研究方法方面，当前较多研究仅仅止步于对生态保护和高质量发展耦合协调水平的测算，忽视了对影响耦合协调水平的驱动因素的进一步探究。本书从经济发展水平、产业结构优化、环境规制强度、城镇化水平、政府干预强度、对外开放水平和技术创新水平方面实证探究影响黄河流域生态保护和高质量发展融合的因素，以期为融合发展融合提供更具有针对性的政策建议。在研究范围方面，应加强对黄河流域的研究，为黄河流域生态保护和高质量发展融合提供更多建设性意见，且注重所选样本的范围，不应过于宽泛或数量较少，导致结果缺乏代表性。本书根据黄河流域内部区域关联性强弱，划分出高强度辐射圈与辐射圈外弱度辐射区，并选取高强度辐射圈内的所有地级市作为研究对象，以期使选取地区更具有代表性、分析结果更加精细和全面。

本章小结

本章主要梳理和评述了生态保护和高质量发展融合的相关文献。高质量发展研究起源于对经济增长和经济增长质量的研究。随着环境污染与经济发展之间的矛盾日益突出，国内外学者就生态保护与经济增长、经济增长质量均有丰富的讨论与研究。因此，本章分别从生态保护与经济增长、生态保护与经济增长质量、生态保护与经济高质量发展三个方面进行了文献梳理和归纳。从文献梳理中可以发现，学术界对生态保护与经济增长、经济增长质量和经济高质量发展的关系进行了丰富的研究，并取得了丰硕的成果，在研究方法、研究区域、路径选择等方面均为本书探讨黄河流域生态保护与高质量发展融合提供了多维视角和文献基础。现有文献采用的融合测度方法大多是围绕耦合协调度模型来分析的，也有学者挖掘二者融合背后的驱动因素，进而提出促进融合发展的政策路径。从研究范围来看，现有文献的研究区域广泛，既有国家、省际和地市级区域层面的研究，也有以流域、城市群、都市圈和经济带等重点发展区域为研究对象，为各个地区提供有针对性的发展建议。总体来说，生态保护和高质量发展的相关文献梳理为后续的研究提供了坚实的文献支撑。

第五章
黄河流域生态保护和高质量发展融合的机理阐释

高质量发展的目标实现既需要经济实现可持续增长，又要生态环境得到全面保护。生态保护与高质量发展是相辅相成、相互渗透、相互影响的（刘琳轲等，2021）。习近平总书记在黄河流域生态保护和高质量发展座谈会中指出，黄河流域生态保护是高质量发展的基础和前提，高质量发展为开展生态保护做支撑，二者相互促进、协同发展。本章基于黄河流域生态保护和高质量发展融合的逻辑依据，深入阐释生态保护和高质量发展融合的作用机理，为后续章节的黄河流域生态保护和高质量发展融合效应的实证检验做好铺垫。

第一节　黄河流域生态保护和高质量发展融合的逻辑依据

本书以推动黄河流域生态保护和高质量发展重大国家发展战略为契机，立足于党中央对新时代黄河流域发展大局的科学定位以及黄河流域生态环境保护和高质量发展不协调的现实，以黄河流域九省区为研究对象，以保护流域生态脆弱性、提升流域高质量发展水平为切入点，按照"提出问题—分析问题—解决问题"的思路，全面、系统地研究黄河流域生态保护和高质量发展融合的政策战略、现实选择、理论基础、研究基础、效应

106

测度、驱动机制、经验借鉴及路径选择，回答了黄河流域生态保护和高质量发展"为何融合""是否融合"以及"如何融合"的问题。

黄河流域生态保护和高质量发展为什么要实现融合发展？如图5-1所示，本书首先通过阐述黄河流域生态保护和高质量发展融合的时代背景、政策支持和价值体现，凸显了黄河流域生态保护和高质量发展融合的战略选择，为黄河流域生态保护和高质量发展融合提供了坚实的政策基础；其次，由黄河流域生态保护和高质量发展水平的现状分析得出，二者融合是基于流域生态保护和高质量发展现状的现实选择，凸显融合研究的必然性与重要性；再次，在分析黄河流域自然生态环境概况及高质量发展的相关理论与研究文献的基础上，为二者融合发展提供了坚实的理论基础；最后，系统梳理和总结生态保护和高质量发展融合发展的作用机理，为后续的"是否融合"与"如何融合"提供研究基础。

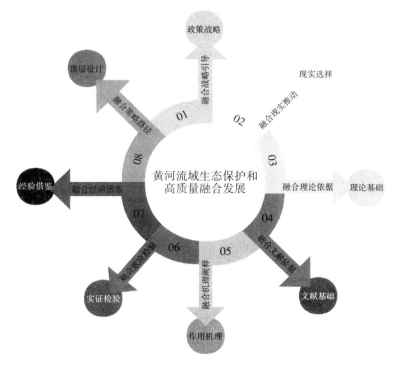

图5-1　黄河流域生态保护和高质量发展融合的逻辑依据

第二节 黄河流域生态保护和高质量发展 融合的作用机理

　　生态环境保护与经济发展协调融合发展是一个涉及要素多、综合作用强的复杂过程，强调在社会经济发展与生态环境系统之间搭建反馈循环，以实现协调发展（Baumol & Oates，1988；Norgaard，1990）。环境保护与经济高质量发展是提高生态环境水平和经济质量的两个重要手段，是一种相互作用、相互影响的耦合协调状态。

　　黄河流域正在进行由高速增长到高质量发展的模式转型，高质量发展强调经济、社会与生态环境的多维度协调，生态环境保护又是进行生态文明建设的重要途径，所以环境保护与高质量发展具有多因素、多层次的耦合特征。高质量发展会从技术创新层面推广绿色新技术替代，优化产业结构，降低污染性产业比重，优化经济结构提高经济效率，实现经济发展反哺生态环境保护。同时生态环境的改善会优化地区的资源禀赋，反向影响经济发展模式，提高居民生活幸福感，提高经济高质量发展水平。生态环境保护和高质量发展融合发展，是将生态保护和高质量发展两个子系统融合为一个系统，将外部效应内部化，生态环境保护与高质量发展两系统的溢出效应相互作用，形成二者融合发展的内生动力。

　　耦合刻画的是多系统或运动之间相互作用而彼此影响以至于协同运动的现象，两个系统之间通过耦合因子和复杂的联系机制产生作用（刘耀彬等，2005）。所以，研究生态环境保护与高质量发展的耦合协调关系，建立合适的耦合协调机制很有必要。依据高质量发展的评价方法，学者们普遍认同以创新、协调、绿色、开放、共享的五大发展理念作为基础准则。因此，本书以五大发展理念为耦合因子，建立并分析生态环境保护与高质

量发展之间的耦合协调机制，如图 5-2 所示，生态环境保护系统与高质量
发展系统通过生态环境保护推动高质量发展，高质量发展又支撑着生态环
境保护，区域实现融合协调发展。

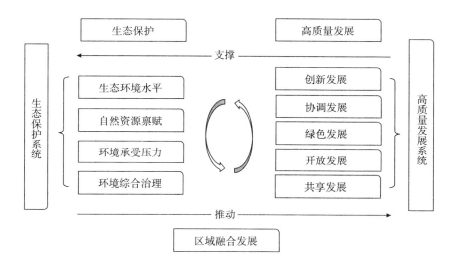

图 5-2　黄河流域生态保护与高质量发展融合的机理阐释

一、生态保护对高质量发展的作用机理

生态环境保护能够推动经济高质量发展：一是污染物排放不仅破坏生
态环境，还会制约着高质量发展。相反，进行环境保护能够改善当地的生
态环境水平，优化生态资源合理配置，促进旅游业与第三产业发展，推动
绿色发展和生态文明建设，助推生态保护方式由"末端治理"转向"源头
防控"，"源头防控"的生态保护方式倒逼经济发展新旧动能转换，推动经
济发展模式转变，进而提升高质量发展水平（韩君等，2021）。二是生态
保护助推生态资源实现财富价值提升，进而助推高质量发展。一方面，生
态资源通过"价值化"和"市场化"的形式转化为生态产品，实现财富增
值；另一方面，生态资源通过生态补偿、绿色金融等方式向生态资产转

化，进而通过生态运营实现生态资产向生态资本的转化，实现生态资源的财富增值和积累，助推高质量发展（刘琳轲等，2021）。三是生态保护为高质量发展提供生产要素，缓解资源环境承载力不足的压力。黄河流域经济和社会发展长期受制于水资源短缺、利用不合理、水沙关系不协调等问题，保护生态环境，对已遭到破坏的森林、农田、水等生态进行修复，可以缓解资源承载压力高的现状，缓解黄河流域人地关系紧张的局面，为流域高质量发展提供生产要素保障（金凤君，2019）。四是环境保护相关政策和措施的实行，能够引导社会资本流向科技创新与环保投资领域，优化社会资源配置结构，提高环境综合治理水平，进而推动经济高质量发展。五是政府制定适当环境保护政策，可以倒逼企业进行技术创新、产业结构调整、提高生产效率与效益，能够带动社会经济结构转型、产业结构优化，提升经济质量。六是提高全社会的福利水平和居民的生活水平是高质量发展的最基本目标，环境保护对社会生态环境水平的提升，改善了居民的生活环境，提升居民生活的幸福感和对政府政策的认同感，进而提高整体社会福利。

二、高质量发展对生态保护的作用机理

经济高质量发展对生态环境保护具有支撑作用。有效的生态环境保护措施、高效的污染治理手段、庞大的生态修复工程建设等一系列生态环境保护措施的实施都需要大量的资金、技术和人力的投入。因此，良好的经济基础、先进的清洁技术保障以及研发人员创新发展为环境治理和生态保护提供足够的经济和技术基础。高质量发展对环境保护的支撑作用体现在多层次、多方面上。高质量发展以新发展理念引领政治、经济、社会等各领域实现绿色、低碳发展，能够从技术创新、产业结构优化升级、经济—生态协调发展、绿色发展、开放吸引外资和引进清洁技术、全社会共享经济高质量发展成果等多方面对环境保护起着强有力的推动作用（梁流涛，2008），使传统"高能耗、高排放、低产出"的产业向"低能耗、低排放、高产出"的方向转变，最终通过"源头防控"达到促进生态保护的目

的（刘琳轲等，2021）。此外，高质量发展体现了人们对生活环境品质和生态服务的需求，同时增强了人们的生态保护意识。一般地，高质量发展水平越高的地方，环境保护投入越高，其生态环境水平越高，生态环境自身的抗逆能力与人为的环境综合治理能力就越强。高质量发展能为环境保护提供更好的物质保障，同时也会要求更高的环境保护水平。

本章小结

本章从作用机理的视角阐释了黄河流域生态保护和高质量发展融合的必要性。黄河流域是中国经济社会发展的重点区域，也是发展与保护矛盾比较突出的区域，因此厘清黄河流域生态保护与高质量发展融合的作用机理，推进二者融合发展对深化落实五大发展理念，形成新的发展格局具有重要战略意义。生态环境保护与高质量发展是辩证统一的，高质量发展迫切需要优质的生态环境，高度的生态文明建设是实现高质量发展的基本保障，因而，生态环境保护与高质量发展两者之间是相辅相成的。本章在阐释全书"为何融合""是否融合"以及"如何融合"的逻辑依据的基础上，重点分析了黄河流域生态保护和高质量发展融合的政策战略、现实选择、理论基础、文献支撑以及作用机理，为黄河流域生态保护和高质量发展"为何融合"提供研究基础。进而从生态保护对高质量发展的作用机理和高质量发展对生态保护的作用机理这两个视角构建并分析生态环境保护与经济高质量发展的融合机理，为后续章节研究"是否融合"以及"如何融合"问题提供坚实的研究基础。

第六章

黄河流域生态保护和高质量发展融合的测度分析

对黄河流域生态环境保护和高质量发展现状做出准确评价是后续准确地测度二者融合水平的基础。本章基于上文测算的生态保护和高质量发展的综合指数，利用系统耦合协调度模型测算二者的融合水平，进而从时间和空间视角分析黄河流域生态保护和高质量发展的融合水平。

第一节　基于耦合协调度模型的融合效应测度方法

物理学中的容量耦合系数模型被广泛应用于经济、社会、环境等多个领域，以衡量不同要素或者系统之间相互作用、相互影响的程度（马丽等，2012）。然而，当某地区的生态保护水平和高质量发展水平均处于较低水平时，测算所得的耦合度值较高，其实际发展是不协调的。为了准确地反映两大系统之间的融合水平，本书进一步引入生态环境保护和高质量发展水平两大系统的发展度，利用发展度与耦合度的几何平均构造两者之间的耦合协调度模型，衡量两个子系统之间协调配合、良性循环的程度（陈炳等，2019）。基于此，本节将根据生态保护综合指数和高质量综合指数得分，在耦合度模型的基础上测算两个指数的耦合协调系数，以更好地测度生态保护与高质量发展的融合效应。

首先，构建多系统的耦合度模型（钱丽等，2012）：

$$C = \sqrt[k]{\frac{u_1 \times u_2 \cdots \times u_k}{\prod (u_i + u_j)}} \tag{6-1}$$

其中，C 为耦合度，$C \in [0, 1]$；u_1、u_2、$\cdots$、u_k 为各系统的综合指数，$u \in [0, 1]$；k 为耦合度模型子系统的个数。由于本节研究生态环境保护 u_1 和高质量发展 u_2 两个子系统，即 $k = 2$，因此，式（6-1）可以简化为：

$$C = \sqrt{\frac{u_1 \times u_2}{(u_1 + u_2)^2}} \tag{6-2}$$

其次，引入生态保护和高质量发展系统的发展度 T，进而计算其耦合协调度（姜磊等，2017）。

$$T = a \times u_1 + \beta \times u_2 \tag{6-3}$$

$$D = \sqrt{C \times T} \tag{6-4}$$

其中，T 反映生态保护与高质量发展的整体协同效应或贡献，α 和 β 为待定系数，根据 u_1 与 u_2 的重要程度来确定。借鉴李强和韦薇（2019）的研究，生态保护与高质量发展具有同等分量的贡献，设定 $\alpha = \beta = 0.5$；D 为耦合协调度，$D \in [0, 1]$。

利用式（6-4）测算出来的耦合协调度值越高，生态保护系统和高质量发展系统的融合度越高。进一步，借鉴康慕谊（2003）的做法，采用中段分值法将耦合协调度划分为如表 6-1 所示的四种类型对二者的融合水平进行分析。

表 6-1　黄河流域生态保护和高质量发展耦合协调度等级划分

耦合协调度	(0, 0.4]	(0.4, 0.6]	(0.6, 0.8]	(0.8, 1]
协调等级	低度协调	中度协调	高度协调	极度协调

第二节 黄河流域生态保护与高质量发展
融合水平

运用上述方法分别计算出黄河流域 70 个地级市 2010~2018 年的生态保护综合指数、高质量发展综合指数及其二者的耦合协调度。限于篇幅要求，选择 2012 年、2015 年与 2018 年的计算结果与 2012~2015 年、2015~2018 年的各指数变化情况，借助 ArcGIS 10.2 软件进行空间格局可视化展示。图 6-1 中的（a）~（c）分别呈现了黄河流域 2012 年、2015 年和 2018 年 70 个地级市生态保护与高质量发展的耦合协调度的空间格局。黄河流域经济高质量发展与环境保护耦合协调水平整体不高，超过 90% 的城市的耦合协调度低于 0.6，处于低度与中度耦合协调水平。上、中、下游分异情况明显，产生了阶梯化分层。高度耦合协调水平城市较少，都是处于中、下游的省会城市、核心城市，例如：郑州市、济南市、西安市、淄博市、潍坊市以及太原市 6 个城市在研究期间内的耦合协调度均高于 0.5，常年处于高度耦合协调水平。

从时间上看，黄河流域的耦合协调水平呈现先提升后下降的趋势。黄河流域 2012 年、2015 年和 2018 年耦合协调度的均值分别为 0.439、0.461 和 0.456，差异系数分别为 0.221、0.222 和 0.219。可以看出其耦合协调水平在此期间呈现先提升后下降且提升幅度高于下降幅度的趋势，空间分异情况呈现先扩大后减小且扩大幅度低于缩小幅度的情况。耦合协调度的提高与空间差异下降的幅度都很小，属于较低程度的改善。

上游地区生态保护与高质量发展的耦合协调水平提升程度较小，中游与下游地区的提升程度较大。上游整体的耦合协调水平较低、差异性较小，在耦合协调发展上尚未形成强有力的发展核心，中游地区整体耦合协

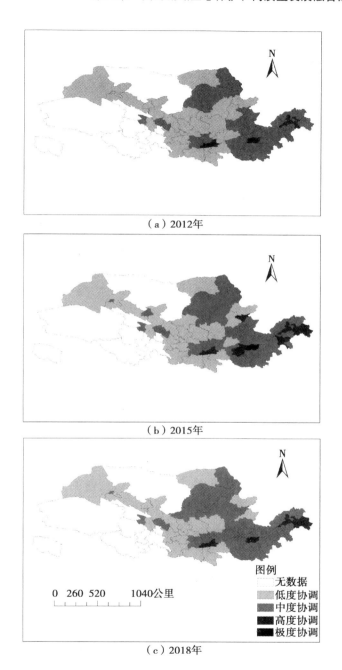

（a）2012年

（b）2015年

0　260　520　　1040公里

图例
无数据
低度协调
中度协调
高度协调
极度协调

（c）2018年

图6-1　黄河流域生态保护和高质量发展耦合协调分析

调水平不高、空间分异明显，在研究期间内提升程度最高。2012年超过多半的地区都处于低度协调水平，到2018年低度协调水平的地区显著减少，在发展过程中产生了明显的发展核心地区。下游地区耦合协调水平较高，整体处于中度协调及以上水平，且已经出现了具有明显带动作用的核心城市。

从西到东整体观测黄河流域生态保护与高质量发展的耦合协调水平，显现出明显的整体层级式递增、少数核心城市崛起的空间分异特征。东西向分异明显主要是由于黄河流域东西跨度较长，自然资源禀赋差异较大，地区发展方式、发展水平不同所造成的。沿经度线观测发现，黄河流域上游与下游耦合协调水平较为平均，但中游出现明显的南北分异，主要是由于黄河中游地区南北跨度大、地级市行政分割细化，各区域资源禀赋不同。

本章小结

本章旨在测度和分析黄河流域生态保护和高质量发展的融合水平。以黄河流域70个地级市为研究对象，在第二章利用指标评价体系法分别测算生态保护与高质量发展综合指数的基础上，利用耦合协调度模型测算黄河流域生态保护与高质量发展的融合效应。研究发现黄河流域生态保护与高质量发展的耦合协调发展水平整体处于低度协调和中度协调水平，少数省会城市、核心地区处于高度协调水平；整体上呈现先提升后下降且上升幅度高于下降幅度的趋势；从空间上来看，耦合协调水平从西部到东部逐渐递增、少数省会核心城市单极崛起，耦合协调程度逐层提高；空间分异程度仅出现较低水平变动，且上、下游整体差异较小，中游地区差异水平较高并且形成明显南北分异。本章对黄河流域生态保护和高质量发展融合水平的科学测度为后续章节的实证检验以及政策路径探索打下坚实的基础。

第七章

黄河流域生态保护和高质量发展融合的驱动因素

为了进一步科学、有效地厘清黄河流域生态保护和高质量发展融合的内在机理，本章在分析融合发展的驱动因素的基础上，实证检验影响黄河流域生态保护和高质量发展融合的驱动因素，以期为促进黄河流域生态保护和高质量发展融合路径的探究提供实证参考依据。

第一节　融合发展的驱动因素选择与分析

结合已有相关研究，借鉴李强和韦薇（2019）的分析，从经济发展水平、产业结构优化、环境规制强度、城镇化水平、政府干预强度、对外开放水平和技术创新水平七个方面分析融合发展的驱动因素。图7-1呈现了黄河流域生态保护和高质量发展融合发展的驱动因素。

一、经济发展水平

高质量发展是在经济发展达到一定水平后才能实现的，整个过程是由"量变"转向"质变"。在经济社会发展水平较低时，会以牺牲环境为代价获取发展资源，满足人们基本的生存生活需求；在这个阶段，随着经济总量增加，生态环境是不断恶化的。如图7-2所示，当经济发展水平较高时，会从三个方面来推动生态保护和高质量发展之间的融合发展。

图 7-1　黄河流域生态保护和高质量发展融合的驱动因素

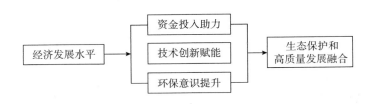

图 7-2　经济发展水平对融合发展的影响机制

　　具体来看，经济发展水平较高的地区会将更多的资金和资源投入到生态保护、环境治理和绿色产业发展等方面，从而推动生态保护与高质量发展的融合；此外，经济发展水平较高地区往往拥有更强的技术创新能力。技术创新可以带来更高效的生产方式、更环保的工艺和更可持续的发展模式，有利于实现生态保护与高质量发展的融合；随着经济发展水平的提高，人们的生活水平和环保意识也会得到相应提升。这使得人们更加重视经济发展过程中的生态保护，提高对绿色生产和可持续发展的认识和追求，从而促使企业和政府采取更多措施，实现生态保护与高质量发展的融合。

从以上分析可以看出，当地的经济发展水平对黄河流域生态保护与高质量发展的融合具有正向推动作用。经济发展水平越高，生态保护与高质量发展的融合度更高。不过，在一些经济发展水平较低的地区，由于对环境保护的重视和政策支持，在某些特定条件下也可能实现生态保护与高质量发展之间的较好融合。

二、产业结构优化

产业结构优化是指根据区域产业结构和生产要素的现状，通过结构调整、供求结构合理化、资源配置合理化、资源利用水平提高等途径，使产业结构合理化、高级化和高效化，以满足社会经济发展的需求。一般情况下，产业结构优化对生态保护与高质量发展的融合程度具有正向影响。如图 7-3 所示，从产业结构的合理化、高级化、高效化三个方面来分析产业结构优化对黄河流域生态保护与高质量发展融合程度的影响。

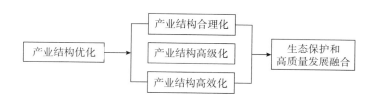

图 7-3　产业结构优化对融合发展的影响机制

产业结构合理化是指通过产业内部的统筹发展，对不合理的产业进行调整和资源重新配置，使产业协调发展，缓解产能过剩和资源分配不均等问题，使生产要素可以在产业间进行合理的配置和充分有效的利用，最大限度发挥各种资源的生产效益，保障社会的有效需求。因而，一方面，合理的产业结构有助于降低能源消耗和减少环境污染，从而促进生态保护，如发展循环经济、绿色产业等可以提高资源利用效率，减少资源消耗和环境压力；另一方面，有助于经济高质量发展，避免产能过剩和资源浪费，为国民经济提供持续动力。

产业结构高级化是在合理化的基础上发展的，是指产业结构重心由第一产业依次向第二、第三产业转移，由劳动密集型产业向技术密集型产业转型，产业的附加值得到很大提升。合理化使整体经济效益提高，高级化使产业结构从低级向高级优化，且随着科技进步，生产要素也会得到更合理的配置和更高效的利用，脱离了产业结构合理化的高级化是脱离实际发展的。一方面，产业结构高级化有助于减少对资源和环境的依赖，提高生态保护水平，如发展高新技术产业、现代服务业等可以降低对能源和原材料的需求，减轻对生态环境的压力；另一方面，产业结构高级化促进了创新能力和生产技术水平的提升，有助于经济高质量发展。

产业结构高效化是指低效率产业比重降低、高效率产业比重增大，主要表现为低技术含量和生产率的产业转向高技术含量和生产率的产业，各类资源利用率和投入产出率有极大的提高。一方面，高效的产业结构可以通过技术创新、管理创新等手段提高能源利用效率，减少碳排放，降低资源消耗和环境污染，有利于生态保护；另一方面，通过提高生产效率和资源利用效率，提升经济增长质量，从而使生态保护与经济发展相辅相成。

综上所述，产业结构的优化对生态保护与高质量发展的融合程度具有积极影响。通过合理化、高级化和高效化的产业结构调整，可以实现经济发展与生态保护的双赢，促进可持续发展。

三、环境规制强度

环境规制强度是指政府对环境保护的管理力度，包括立法、监管和执法等方面。环境规制强度通过"创新补偿"效应和"遵循成本"效应对生态保护与高质量发展的融合存在促进和抑制两方面的作用，具体影响机制如图7-4所示。

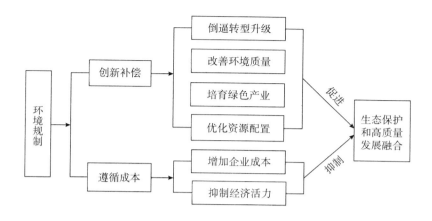

图 7-4　环境规制对融合发展的影响机制

环境规制可以通过"创新补偿"效应对生态保护和高质量发展融合水平起到促进作用。环境规制强度的提高会使企业面临更严格的环境要求和标准，促使企业关注绿色产业和环保技术的研发与应用，迫使企业优化生产工艺，推动清洁生产、循环经济等绿色产业的发展，促使企业进行技术创新和产业结构调整，降低资源消耗和环境污染排放，从而实现绿色发展，为经济高质量发展提供良好的生态基础。

环境规制可以通过"遵循成本"效应对生态保护和高质量发展融合水平起到抑制作用。严格的环境规制可能导致企业在短期内承担较高的环保投入、技术改造等成本，甚至强度过高的环境规制可能限制企业的生产活动，导致部分企业关停或转移，影响企业的盈利能力和经济发展潜力，从而影响地区经济发展。

因此，在提高环境规制强度的同时，政府需要充分考虑经济发展和生态保护的平衡，采取适度、灵活的政策措施，以实现生态保护与高质量发展的融合。

四、城镇化水平

城镇化水平是衡量一个地区人口向城市集聚程度的指标。如图 7-5 所示，城镇化水平对生态保护与高质量发展的融合程度具有双重影响。

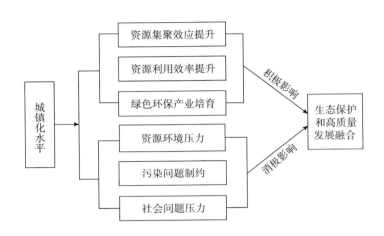

图7-5　城镇化水平对融合发展的影响机制

　　城镇化水平的提升对生态保护与高质量发展的融合程度有积极影响。一方面，城镇化进程可以提高劳动力的流动性和经济的集聚效应，从而推动产业升级、技术创新和经济增长。这为生态保护与经济高质量发展提供了更多的资源和技术支持。另一方面，城镇化进程可以通过优化人口、产业和基础设施布局，提高资源利用效率。城市在基础设施建设和公共服务提供等方面具有规模效应，有助于降低单位产出的资源消耗和环境成本。此外，随着城镇化水平的提高，政府和社会对环境问题的关注度也会逐渐增强；城市化进程的加速往往伴随着对环境保护的投入增加、环保技术的应用以及环境法规的完善。

　　城镇化水平的提升对生态保护与高质量发展的融合程度也存在一些负面的影响。在城镇化过程中，人口、产业和基础设施的高度集中可能加大对土地、能源、水资源等的消耗，加剧环境压力。城市扩张可能导致耕地减少、生态系统破坏等问题。同样，伴随着城镇化的发展，工业生产、交通运输和生活垃圾等产生的污染物可能对空气、水体和土壤质量造成严重的负面影响；处理这些污染问题需要投入大量资源和技术。此外，过快的城镇化进程可能导致出现人口过度集中、基础设施不足、住房供应不足等社会问题。这些问题可能影响人们的生活质量，从而对生态保护与经济高质量发展产生间接影响。

综上所述，城镇化水平对生态保护与高质量发展的融合程度可能同时具有积极和消极两方面的影响。如果城镇化进程通过强化集聚效应、提高资源利用效率、加大环保投入带来的积极影响超过其产生的负面影响时，则城镇化水平的提高有助于生态保护与高质量发展的融合。

五、政府干预强度

政府干预是指政府通过制定和实施政策、法规等措施，对经济和社会活动进行管理和调控，政府干预强度对生态保护与高质量发展的融合既有正面影响，也有负面影响，如图7-6所示。

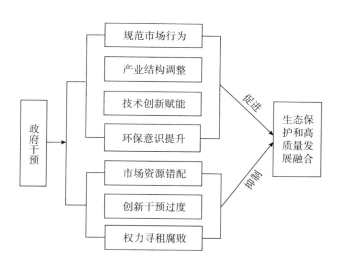

图7-6 政府干预对融合发展的影响机制

适度的政府干预对生态保护与高质量发展的融合水平有积极促进作用。一是有助于规范市场行为。政府通过对市场进行干预，可以有效规范企业的生产和经营行为，降低环境污染和资源浪费。例如，通过制定和执行环境排放标准、征收环境保护税等措施，促使企业改进生产工艺，提高资源利用效率。二是促进产业结构调整。政府通过对产业政策的调整，引导企业优化产业结构，减少对环境的负面影响。例如，支持发展绿色、清洁能源等低碳环保产业，逐步淘汰高污染、高能耗产业。三是能够推动技术创新。政府可以通过科技政策扶持、加大研发投入等手段，促进环保技术的创新和应用。这将有助于提高企业的生产效率，降低对环境的损害，实现生态保护与高质量发展的融合。四是有助于提高社会环保意识。政府通过制定和完善环境保护法规，确保企业在生产经营活动中充分考虑环保因素；加强对环境违法行为的惩治，提高企业的环保违规成本。同时，政府可以通过教育、宣传等手段，提高公众对生态保护的认识。公众的参与将有助于推动企业和政府采取更多措施，提升生态保护与高质量发展的融合程度。

政府干预强度过高对生态保护与高质量发展的融合水平有消极影响。一是政府干预过度可能导致市场扭曲。过度的政府干预可能导致市场失灵，影响市场资源的有效配置。例如，政府对某些产业给予过多的支持，可能导致资源过度向这些产业集中，影响其他产业的发展。二是政府对企业技术创新过度干预，不利于企业成为真正的技术创新主体。过度的政府干预可能导致企业过分依赖政府支持，降低企业的自主创新能力和竞争力。在生态保护与经济高质量发展的过程中，企业应承担主体责任，寻求技术创新和市场发展机遇。三是过度的政府干预可能引发权力寻租，导致官僚主义和腐败问题，影响政策的有效实施。例如，政府部门在执行环保政策时，可能存在权力寻租、监管不力等问题，导致生态保护与高质量发展的融合程度降低。

综上所述，政府干预强度对生态保护与高质量发展的融合程度具有双重影响。在制定和实施政策时，政府需要充分权衡干预的利弊，确保政策的合理性和有效性。同时，加强政策的协调与监督，减少政府干预的负面影响，有助于实现生态保护与高质量发展的融合。

六、对外开放水平

对外开放是指一个国家或地区在经济、政治、文化等方面与其他国家和地区进行交流和合作。根据"污染光环"假说和"污染天堂"假说理论，对外开放水平的提升对生态保护和高质量发展融合的影响不确定。从图7-7可以看出，对外开放水平对生态保护与高质量发展的融合水平可能存在双重影响。

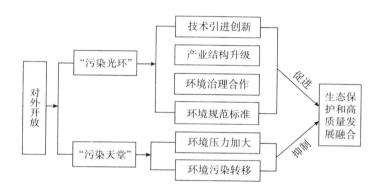

图7-7　对外开放对融合发展的影响机制

根据"污染光环"假说，对外开放水平的提升对生态保护与高质量发展的融合水平有积极影响。一是从技术引进与创新视角，对外开放有助于引进先进的环保技术、管理经验和生产工艺。这些技术和经验可以帮助国内企业提高生产效率，降低环境污染和资源消耗。同时，国际合作也可以促进国内企业加强研发投入，实现技术创新。二是从产业结构升级视角，对外开放有助于优化国内产业结构，促进产业转型升级。通过国际贸易和投资活动，国内企业可以发展绿色、低碳、循环经济产业，减少对环境的负面影响。同时，这些活动也可以帮助国内企业提高产品质量和服务水平，实现经济高质量发展。三是从环境治理与合作视角，对外开放有助于推动各个国家在环境治理方面的合作。通过参与国际环保组织和多边环境协定，各国可以共享环境监测数据、治理经验和技术，共同应对全球环境问题。这将有助于提高各国在生态保护与经济高质量发展方面的融合程度。四是从环境规范和标准制定的视角，对外开放可以推动国内环境法规和标准的提高。在全球贸易和投资活动中，国内企业需要遵循国际环保标准和规范，以提高产品竞争力。这将有助于提高国内企业的环保意识和水平，实现生态保护与经济高质量发展的融合。

根据"污染天堂"假说，对外开放水平的提升对生态保护与高质量发展的融合水平有消极影响。一方面，随着对外贸易和投资活动的扩大，国内企业可能面临更大的生产和发展压力。在短期内，可能导致环境污染和资源消耗的加剧。另一方面，对外开放水平的提升在某些情况下可能导致环境问题的转移。例如，一些发达国家可能将高污染、高耗能的产业转移至发展中国家，加大这些国家的环境压力。这可能对生态保护与经济高质量融合发展产生负面影响。

综上所述，对外开放水平对生态保护与高质量发展的融合程度具有双重影响。在推进对外开放过程中，政府需要充分认识到对外开放的利弊，采取相应政策措施，确保对外开放与生态保护、经济高质量发展之间的平衡。

七、技术创新水平

技术创新是推动生态保护和经济高质量发展融合的关键因素。技术创新水平对生态保护与经济高质量发展的融合程度具有重要影响，如图7-8所示。

根据波特假说理论可知，技术创新会不断激发企业的"创新补偿"效应，从而有助于降低环境污染（Porter & Claas，1995）。具体来看，从生产效率提升方面，技术创新可以提高企业的生产效率，减少资源消耗和环境污染。例如，通过引入先进的生产工艺和管理方法，企业可以在降低成本的同时，减少能源消耗和废弃物排放。从促进绿色产业发展方面，技术创新有助于发展绿色产业，推动经济结构转型。新兴的清洁能源、循环经

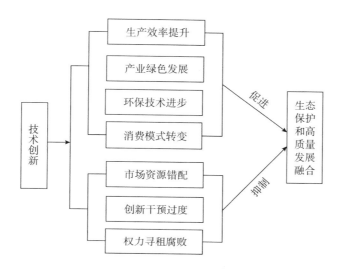

图 7-8　技术创新对融合发展的影响机制

济、节能环保等产业在技术创新的推动下得以快速发展，为实现生态保护
与经济高质量发展融合提供了有力支持。从环境治理技术进步方面，技术
创新可以提高环境治理技术水平，可以更有效地处理和减少污染物。例
如，采用先进的污水处理技术、大气治理技术和固体废物处理技术可以显
著降低污染物排放。智能传感器、遥感技术和大数据分析等技术手段可以
实时监测和分析环境状况，有助于提高环境监测能力，为环保决策提供依
据。从引导社会消费模式转变方面，技术创新可以推动消费模式的转变，
引导社会实现绿色消费。例如，新能源汽车、节能家电等绿色产品的普
及，使消费者在满足需求的同时，减少对环境的破坏。

　　然而，技术创新也可能会给生态保护与经济高质量发展融合带来一些
潜在问题：一是技术创新过程中可能存在一定的风险。新技术的推广应用
可能产生未知的环境问题，因此，技术创新应在充分评估风险的基础上进
行。二是技术的发展可能造成更大的不平等。技术创新水平在不同地区和
行业之间存在差距，导致资源配置不均衡和环境问题的区域性集中。因
此，政府和社会应努力缩小技术创新水平的差距，推动技术的普及和推

广。三是技术创新促进经济增长可能存在滞后效应。技术创新需要较高的研发投入和初期成本，企业在短期内面临较大的经济压力。政府和企业需要权衡短期成本与长期收益，采取相应的政策措施支持技术创新。

总之，技术创新水平对生态保护与经济高质量融合发展具有重要影响。政府、企业和社会应共同努力，推动技术创新和绿色生产，实现生态保护与经济高质量融合发展。

第二节　融合发展的驱动因素的实证检验

结合第六章测算出的黄河流域生态保护和高质量发展融合水平，本节进一步实证分析影响黄河流域生态保护和高质量发展融合的驱动因素。

一、计量模型设定

本节以黄河流域生态保护和高质量发展的融合发展水平为被解释变量，根据上文对其驱动因素的分析，选取经济发展水平、产业结构优化、环境规制强度、城镇化水平、政府干预强度、对外开放水平和技术创新水平作为驱动因素，构建的模型如下：

$$coup_{i,t} = \alpha_0 + \alpha_1 \ln pgdp_{i,t} + \alpha_2 isi_{i,t} + \alpha_3 erd_{i,t} + \alpha_4 urb_{i,t} + \alpha_5 gov_{i,t} + \alpha_6 open_{i,t} +$$
$$\alpha_7 tec_{i,t} + \varepsilon_{i,t} \qquad (7-1)$$

式中，$coup$ 表示黄河流域生态保护和高质量发展的融合程度，$\ln pgdp$ 表示经济发展水平，isi 表示产业结构优化水平，erd 表示环境规制强度，urb 表示城镇化水平，gov 表示政府干预强度，$open$ 表示对外开放水平，tec 表示技术创新水平，ε 是随机扰动项。

二、指标选取说明

根据模型（7-1）的设定，表 7-1 呈现了各个变量的指标选取情况。

表 7-1 指标选取说明

变量名称	表征字母	指标选取	
融合发展程度	*coup*	生态保护和高质量发展耦合协调指数	
经济发展水平	ln*pgdp*	人均 GDP 的对数	
产业结构优化水平	*isi*	产业结构优化指数	产业结构合理化
			产业结构高级化
			产业结构高效化
环境规制强度	*erd*	环境规制综合指数	工业二氧化硫排放量
			一般工业固体废物综合利用率
			城市污水处理率
			生活垃圾无害化处理率
城镇化水平	*urb*	城市人口占总人口的比例	
政府干预强度	*gov*	财政支出占 GDP 比重	
对外开放水平	*open*	进出口总额占 GDP 比重	
技术创新水平	*tec*	地方科学技术支出占一般公共预算支出的比重	

具体来看，黄河流域生态保护和高质量发展的融合程度（*coup*）是由第六章采用耦合协调度模型测算得来的；经济发展水平（ln*pgdp*）为人均 GDP 的对数，为了消除价格因素的影响，选取 2003 年为基期，利用 GDP 指数进行平减得到实际 GDP，进而测算出人均 GDP；产业结构优化水平（*isi*）采用等权重加权法测算的包含标准化处理后的产业结构合理化、产业结构高级化和产业结构高效化的综合指数来表征。其中，产业结构高级化体现了经济生产结构由低层次向高层次的转变，用第三产业和第二产业的产出比来衡量（唐晓华和孙元君，2019）；产业结构合理化体现了产业间的协调程度发展。从已有的研究发现，泰尔指数可以在一定程度上较为准确地测度出产业结构的偏离状况。因此，借鉴干春晖等（2011）的研究，采用泰尔指数来表示产业结构合理化水平，具体计算公式为：

$$TL = \sum_{i=1}^{n} \left(\frac{Y_i}{Y} \right) \ln \left(\frac{\frac{Y_i}{L_i}}{\frac{Y}{L}} \right) \tag{7-2}$$

其中，TL 表示产业结构合理化的泰尔指数，i 为三次产业中的某一产业，Y 为产值，L 为就业人口数，$\frac{Y_i}{Y}$ 表示产出结构，$\frac{Y}{L}$ 表示劳动生产率。鉴于这种衡量方式计算出的产业结构合理化的泰尔指数 TL 是低优指标，为了便于分析，将泰尔指数取倒数转化为高优指标，因此，产业结构合理化（RIS）指数可以表示为：

$$RIS = \frac{1}{TL} \tag{7-3}$$

而产业结构高效化则体现了产业发展的资源利用率以及投入产出率的提升，采用 GDP 占全社会固定资产投资的比重来衡量（龙海明等，2020）。环境规制强度（erd）的衡量方法是参考上官绪明和葛斌华（2020）的测度方法，从污染排放强度和环境污染治理成效这两方面来表征环境规制强度，分别选取工业二氧化硫排放量、一般工业固体废物综合利用率、城市污水处理率和生活垃圾无害化处理率四个指标，采用熵值法构建环境规制综合指数。城镇化水平（urb）的测度是借鉴崔婉君（2017）的做法，用城市人口占总人口的比例来衡量。政府干预强度（gov）则是借鉴宁论辰等（2021）的方法，采用财政支出占 GDP 比重来表示。对外开放水平（$open$）采用薛俊宁和吴佩林（2014）的做法，使用进出口总额占 GDP 比重来衡量。技术创新水平（tec）借鉴弓媛媛和周俊杰（2021）的方法，采用地方科学技术支出占一般公共预算支出的比重来衡量。

三、数据来源说明

本节的实证检验部分所选取的数据主要来源于《中国城市统计年鉴》、黄河流域各省统计年鉴以及 EPS 城市数据库和黄河流域发展数据库，数据时间范围为 2010~2018 年，样本范围是黄河流域 70 个地级市，数据的描述性统计如表 7-2 所示。

表7-2　描述性统计

变量	样本	均值	标准差	最小值	最大值
coup	630	0.467	0.052	0.294	0.588
pgdp	630	10.553	0.652	8.576	12.456
isi	630	0.805	0.068	0.551	0.947
erd	630	0.745	0.131	0.276	0.970
urb	630	0.496	0.160	0.197	0.947
gov	630	0.214	0.150	0.060	0.916
open	630	0.075	0.091	0.138×10^{-4}	0.628
tec	630	1.155	1.013	0.164	16.560

注：利用 Stata 软件整理得来。

四、模型估计结果与分析

（一）平稳性检验

在使用面板数据进行回归分析前，需要对所有变量数据进行平稳性检验，避免因使用非平稳的数据而可能出现伪回归的问题。鉴于本节选用的数据为短面板数据，因此选择常用的 HT 和 LLC 方法来进行单位根检验，结果如表7-3所示。在两种检验方法下，原序列所有变量均在1%的显著性水平下通过检验，表明序列是平稳序列。

表7-3　单位根检验

变量	HT	LLC
coup	0.4684 *** (0.0000)	−11.4725 *** (0.0000)
pgdp	0.5821 ** (0.0288)	−8.8461 *** (0.0000)
isi	0.1395 *** (0.0000)	−12.1971 *** (0.0000)

变量	HT	LLC
erd	0.4966 *** (0.0001)	-7.9391 *** (0.0000)
urb	0.4783 *** (0.0000)	-5.8886 *** (0.0000)
gov	0.2650 *** (0.0000)	-12.7656 *** (0.0000)
open	0.1378 *** (0.0000)	-19.0897 *** (0.0000)
tec	-0.0984 *** (0.0000)	-5.4500 *** (0.0000)

注：括号内的数值为对应的 p 值，*、**、*** 分别表示在 10%、5%、1% 的显著性水平下显著。

（二）基准回归分析

1. 结果及分析

由于生态资源禀赋和经济发展条件在短期内的波动幅度不大，具有较强的惯性和路径依赖，也就是说生态保护与高质量发展的融合水平容易受到过去值的影响。另外，融合水平与经济发展水平之间可能存在双向因果关系。为了解决上述两个问题，采用系统 GMM 的估计方法（差分 GMM 容易受到弱工具变量的影响）。从表 7-4 中的模型（1）~模型（5）可以看出，AR（1）的 p 值小于 0.1 且 AR（2）的 p 值大于 0.1，说明模型中的扰动项存在一阶差分自相关但不存在二阶差分自相关；同时，Hansen 检验的 p 值大于 0.1 且小于 0.25，说明模型中采用的工具变量是联合有效的，不存在过度识别；因此，模型（1）~模型（5）的估计量满足系统 GMM 的一致性条件。

表 7-4　基准回归估计结果

变量	（1） GMM 1	（2） GMM 2	（3） GMM 3	（4） GMM 4	（5） GMM 5
L. coup	0.561 *** (0.088)	0.558 *** (0.092)	0.563 *** (0.091)	0.548 *** (0.090)	0.558 *** (0.092)

续表

变量	（1）GMM 1	（2）GMM 2	（3）GMM 3	（4）GMM 4	（5）GMM 5
$lnpgdp$	0.024 *** (0.005)	0.021 *** (0.005)	0.023 *** (0.005)	0.024 *** (0.005)	0.021 *** (0.005)
isi	0.028 ** (0.013)	0.025 * (0.013)	0.025 ** (0.013)	0.028 ** (0.014)	0.023 * (0.013)
urb	0.037 *** (0.013)	0.037 *** (0.012)	0.032 *** (0.011)	0.037 *** (0.013)	0.031 *** (0.011)
erd	0.035 *** (0.007)	0.034 *** (0.007)	0.033 *** (0.007)	0.034 *** (0.007)	0.031 *** (0.007)
gov	—	−0.018 (0.016)	—	—	−0.015 (0.015)
$open$	—	—	0.027 (0.021)	—	0.025 (0.020)
tec	—	—	—	0.001 (0.001)	0.001 (0.001)
时间固定效应	是	是	是	是	是
城市固定效应	是	是	是	是	是
常数项	−0.126 *** (0.030)	−0.088 ** (0.040)	−0.103 *** (0.028)	−0.113 *** (0.030)	−0.068 * (0.040)
样本量	560	560	560	560	560
AR（1）	0.000	0.000	0.000	0.000	0.000
AR（2）	0.729	0.733	0.762	0.777	0.770
$Hasen\ test$	0.133	0.181	0.212	0.202	0.205

注：*、**、***分别表示在10%、5%、1%的显著性水平下显著，括号内数值为该参数相对应的标准差。

由表7-4的估计结果可以看出，滞后一阶的生态保护和高质量发展融合指数（$L.coup$）的系数处于0.548~0.561，均在1%的显著性水平下显著，说明滞后一阶的融合发展水平对当期确实具有显著正向影响，融合发展具有较强的惯性和路径依赖。经济发展水平能够显著促进融合发展水平的提升，且均在1%的显著性水平下显著，说明随着经济发展水平的提升，黄河流域生态保护与高质量发展的融合发展水平越高，同时说明伴随着人均 GDP 的增加，人们更加注重环境保护与高质量发展，统筹好经济发展和生态环境保护建设的关系，坚定不移地走高质量发展之路，进而提升了融合发展水平。产业结构优化对于融合发展水平的提高具有促进作用，产业结构合理化的系数在 10% 的显著性水平下显著，可能是由于黄河流域产业结构日益趋于合理化，产业结构合理化、高级化以及高效化可以有效提升融合发展水平。环境规制强度能够显著促进融合水平的提升，且在 1% 的显著性水平下显著，在一定程度上验证了"波特假说"，说明环境规制的实施在一定程度上倒逼企业进行技术创新，促进了企业清洁转型，推动了黄河流域的经济高质量发展，进而提升了流域生态保护与高质量发展的融合水平。城镇化水平对融合发展水平的影响为正，且在 1% 的显著性水平下显著，表明城市化进程的快速推进促进了经济发展水平的提升，同时在城镇化过程中，十分注重对生态环境的保护，进而推动了融合发展水平的提升。而政府干预强度在一定程度上抑制了黄河流域生态保护和高质量发展的融合水平，可能是由于黄河流域的财政支出更多地是为了提升经济增长水平，忽视了对生态环境的保护，进而对融合水平产生一定的负面影响。对外开放水平对融合发展水平的影响为正，但不显著，验证了"污染光环"假说，说明伴随对外开放水平的提升，黄河流域通过引进先进、清洁的技术和设备有效提高流域的资源利用效率，从而提升了生态保护和高质量发展的融合水平。技术创新水平促进了黄河流域生态保护和高质量发展的融合水平，这一结果与吕德胜等（2022）的研究结论相似。虽然结果不显著，但在一定程度上能够说明黄河流域在发展过程中，注重加强对技术创新的资金支持和技术转化与应用，而这些创新能够有效赋能企业的生产力提升，并且间接通过产业培育与产业革新减少生态污染，进而提升了融合水平。

2. 稳健性检验

为了考察上述估计结果是否稳健，本节采用不同的估计方法来检验。表 7-5 中模型（1）～模型（4）显示了采用最小二乘法（OLS）、最小二乘虚拟变量法（LSDV 双固定效应）、两步差分 GMM 法、两步系统 GMM 法得到的估计结果。重点关注滞后一期的被解释变量（它在模型中的影响效应最大）在各个估计方法中的差异性，差分 GMM 与系统 GMM 得出的估计结果比较接近，但与 OLS 得到的结果存在较大的差异。采用 GMM 方法得到的滞后一期的融合发展水平（$L.coup$）的系数分别是 0.435 和 0.558，低于 OLS 的结果（0.839），高于 LSDV 的结果（0.411）。在理论上，对于动态面板数据的回归结果，采用 OLS 得到的估计值存在向上偏误，LSDV 的估计值存在向下偏误，系统 GMM 在模型设定正确情况下，其估计值会处于两者之间。而本书采用系统 GMM 得到的估计值正好符合这一条件，说明模型设定正确，结果稳健可信。

表 7-5　稳健性检验

变量	（1） OLS	（2） LSDV	（3） 差分 GMM	（4） 系统 GMM
$L.coup$	0.839 *** （0.024）	0.411 *** （0.049）	0.435 *** （0.124）	0.558 *** （0.092）
ln$pgdp$	0.007 *** （0.002）	0.007 （0.007）	0.022 * （0.013）	0.021 *** （0.005）
isi	0.017 * （0.010）	0.001 （0.012）	0.012 （0.015）	0.023 * （0.013）
urb	0.016 *** （0.006）	-0.011 （0.016）	-0.023 （0.024）	0.031 *** （0.011）
erd	0.017 *** （0.005）	0.039 *** （0.007）	0.040 *** （0.010）	0.031 *** （0.007）
gov	-0.003 （0.006）	0.062 * （0.036）	0.055 （0.052）	-0.015 （0.015）
$open$	0.010 （0.008）	-0.022 （0.015）	-0.032 *** （0.008）	0.025 （0.020）
tec	0.001 （0.001）	0.001 （0.001）	0.001 * （0.000）	0.001 （0.001）
时间固定效应	是	是	是	是

变量	（1） OLS	（2） LSDV	（3） 差分 GMM	（4） 系统 GMM
城市固定效应	否	是	是	是
常数项	−0.040 * （0.022）	0.154 * （0.080）	−0.068 * （0.040）	−0.068 * （0.040）
样本数	560	560	490	560
AR（1）			0.000	0.000
AR（2）			0.670	0.770
Hasen test			0.181	0.205

注：*、**、***分别表示在 10%、5%、1%的显著性水平下显著，括号内数值为该参数相对应的标准差。

（三）区域异质性分析

鉴于黄河流域横跨中国东、中、西三大经济地带，流域的上、中、下游地区在自然、经济、社会等人文条件差异巨大。为了进一步检验黄河流域的流域差异性是否会影响实证结果，将黄河流域 9 个省份划分为上、中、下游三大区域。其中，上游包括青海、四川、甘肃、宁夏和内蒙古，中游包括陕西、山西和河南，下游包括山东。表 7-6 呈现了通过采用系统 GMM 模型回归的结果。无论是黄河流域上游、中游还是下游地区，滞后一期的融合发展水平、经济发展水平、产业结构优化水平和环境规制均对黄河流域生态保护和高质量发展的融合水平有显著促进作用，但作用程度在区域间存在较大差异。L. coup 和 isi 的估计值在黄河下游地区最大，在上游地区最小；而 lnpgdp 的估计值在黄河上游地区最大，在下游地区最小。这表明黄河下游地区的生态保护与高质量发展的融合水平较高，可以通过内驱力（惯性和路径依赖）实现良性发展；产业结构的优化水平可以进一步助推和保障生态保护与高质量发展的良性互动；但是在黄河上游和中游地区，融合程度对当地经济发展水平的依赖程度更高，还未实现良性发展，这与前文的理论分析相一致。

表 7-6 区域异质性分析结果

变量	（1） 黄河上游	（2） 黄河中游	（3） 黄河下游
L. coup	0.496 *** （0.146）	0.727 *** （0.103）	0.911 *** （0.071）
lnpgdp	0.031 *** （0.009）	0.024 *** （0.005）	0.016 *** （0.005）
isi	0.017 * （0.009）	0.026 * （0.013）	0.028 ** （0.013）
urb	0.020 （0.012）	0.062 ** （0.024）	0.022 （0.020）
erd	0.043 ** （0.016）	0.027 *** （0.008）	0.008 （0.010）
时间固定效应	是	是	是
常数项	−0.114 *** （0.028）	−0.126 *** （0.030）	−0.101 *** （0.030）
样本数	184	272	104
AR（1）	0.000	0.000	0.000
AR（2）	0.7735	0.729	0.733
Hasen test	0.187	0.201	0.220

注：*、**、***分别表示在10%、5%、1%的显著性水平下显著，括号内数值为该参数相对应的标准差。

本章小结

本章在黄河流域生态保护和高质量发展融合水平测度的基础上，结合已有研究，从经济发展水平、产业结构优化水平、环境规制强度、城镇化水平、政府干预强度、对外开放水平和技术创新水平七个方面分析了影响黄河流域生态保护和高质量发展融合水平的驱动因素。进而实证检验了各驱动因素对融合水平的影响效应，为分析黄河流域生态保护和高质量发展融合的困境提供研究依据。研究发现，除政府干预强度不利于黄河流域生态保护和高质量发展融合，经济发展水平、产业结构优化水平、环境规制强度、城镇化水平、对外开放水平以及技术创新均能够促进黄河流域生态保护和高质量发展融合水平的提升，但是对外开放水平和技术创新水平对融合发展水平的影响并不显著。本章对黄河流域生态保护和高质量发展融合水平的困境分析以及政策路径探究提供了实证基础。

第八章

黄河流域生态保护和高质量发展融合的发展困境

由于黄河流域空间跨度大、地形地貌差异大、资源禀赋不同、人口资源分布不平衡等特殊的空间经济环境，虽然黄河流域在生态保护和高质量发展方面已取得不少成效，但仍面临生态环境脆弱、环保形势严峻、经济发展差异较大、区域发展不平衡、协同治理模式分散以及社会治理能力滞后等问题，这些在一定程度上加剧了生态资源管理、流域协同治理的难度，长期制约黄河流域生态保护和高质量发展融合水平的提升。对黄河流域生态保护和高质量发展水平的测度以及二者的融合水平的测度可以看出，黄河流域不仅在生态保护和高质量发展两方面均存在问题，而且二者的融合发展水平也不高。黄河流域作为全国生态保护区、资源集聚带以及区域经济持续发展的重要空间载体，有必要深入分析黄河流域的生态保护和高质量发展融合面临的种种困境。

第一节　生态环境保护形势依然严峻

一、生态资源基础薄弱，环境综合承载力不足

（一）天然水资源匮乏，资源稀缺刚性约束

人口增长和资源消费增加对中国的环境和资源状况产生巨大压力。人

口众多、资源匮乏、生态环境脆弱、生态环境承载力有限是中国的基本国情，也是新时期黄河流域生态环境保护和高质量发展融合所面临的刚性约束。黄河作为中国的第二长河，平均水深仅 2.5 米，甚至在部分地区不足 1.2 米，水资源总量不足长江的 7%。人均水资源只有 408 立方米/年，占全国平均值的 1/5，远低于国际公认的极度缺水标准（人均 500 立方米/年）。近年来，黄河流域地表径流量大幅度衰减。根据黄河流域水资源评价结果，1919~1975 年，黄河流域多年平均径流量达 580 亿立方米，进入 21 世纪，径流量仅为 459 亿立方米。黄河流域多年平均降水量仅为 447 毫米，远低于全国平均 628 毫米。先天水资源匮乏，加之生态环境的变化，使得黄河流域水资源越来越匮乏。此外，黄河流域煤炭、石油等主要能源消费量的增速远高于储量的增速，且经济发展过度依赖于矿产和能源资源的开发。流域资源供需矛盾加剧，不具备承载不合理且规模性扩张的人类活动的能力，严重制约了经济高质量发展。

（二）生态环境较脆弱，环保形势仍然严峻

黄河流域自然生态本底脆弱，随着经济的快速发展，资源需求量随之增加，我们面临的资源和生态环境的压力还将持续加大。流域生态空间分为森林、草原、湿地、荒漠和河流等主体，但超载放牧、沙漠化、水土流失、湿地萎缩、生物多样性减退、地表采矿塌陷等生态和水文水资源难题导致流域生态空间被严重挤占（任保平等，2021）。黄土高原地区沟壑纵横、陡坡沟深的地形导致土质疏松，加上夏季暴雨侵蚀严重，水土抗侵蚀能力低，极难保持。近年来，随着气候的变化，黄河的水文特征也发生了一系列变化，黄河流域仍面临着出现大规模洪涝灾害的威胁。长期以来以农业生产、能源开发为主的经济社会发展方式与流域资源环境特点和承载能力不相适应（郝宪印和袁红英，2021），而基于工业文明发展理念的经济发展模式导致流域内的生态环境极为脆弱，进一步限制了经济的可持续发展（郑晓等，2014）。因此，黄河流域生态脆弱、生态系统复杂且功能多，而流域生态环境潜在的高风险极易转化为社会风险，给黄河流域生态环境的协同治理带来了较大阻碍（钞小静和周文慧，2020）。

（三）流域治理能力弱，生态污染问题频发

黄河流域生态脆弱，资源环境承载力不足，流域的环境治理能力十分滞后。由于黄河流经多个地貌与 9 个行政区，涉及黄河的上中下游、左右岸及附近区域，生态环境状况复杂多样，流域内资源、生态与环境系统之间相互影响（李萌，2020）。当面临生态环境保护问题时，跨流域治理面临着各级政府以部门利益为导向，部门分散化管理、各个行政单元各自施政、各自施策的割裂式治理，利益争夺和责任推诿的现象时有发生，导致流域内生态环境治理呈现出条块分割、纵向分级、横向分散的碎片化特征。因此，当前黄河流域的生态环境治理能力不高，生态污染问题仍然没有得到根本解决。消费转型和城市化进程的加速对黄河流域环境与资源安全产生重大冲击。2002～2011 年城镇化率以平均每年 1.35 个百分点的速度增长，2011 年城镇人口达到 6.91 亿，城镇化率达到了 51.27%。尤其是 2012～2022 年这十年，贵州、甘肃、宁夏、河南、四川等省份的城镇化率提升幅度达到或超过 15 个百分点，这些改变对资源、能源和环境都产生了越来越大的压力。2002～2019 年，人均能源消费量从 1324 千克标准煤，增长至 3488 千克标准煤。随着经济发展水平不断提高，主要污染物排放总量基本呈现先攀升后缓慢下降的趋势。截至 2018 年，工业二氧化硫排放量达到 175.07 万吨；工业废水排放量相对稳定，在 2000 年前后保持在 200 亿吨左右，虽然 2008 年开始稍微下降，但从 2013 年开始工业废水排放量有所反弹，自 2015 年后开始缓慢下降，到 2018 年下降至 160 亿吨左右，随后的年份仍保持在 150 亿吨左右；虽然工业固体废物排放量数据逐年下降，但工业固体废物产生量呈现逐年上升的趋势，2013～2020 年以年均 4.48% 的增长率增长，2020 年达到 17.33 亿吨。因此，黄河流域生态保护和高质量发展融合面临着严峻的资源环境压力，转型发展迫在眉睫。

二、水资源利用结构失衡，供需矛盾依然尖锐

（一）资源分布不均衡导致供需矛盾突出

黄河流域横跨青藏高原、内蒙古高原、黄土高原和黄淮海平原四个地

貌单元，最后流入渤海，流域面积超过 75 万平方公里，形成了一个从源头到入海口的完整性自然区域。黄河流域的地势西高东低，自西向东形成了上游、中游、下游三级阶梯，上游地区从青海源头到内蒙古自治区呼和浩特市托克托县，以山地为主，生态环境好、水源充足，但居住人口较少，经济社会发展落后；中游地区从托克托县到河南省郑州市桃花峪，以平原和丘陵为主，能源资源非常丰富，但生态环境比较脆弱；下游地区从桃花峪到山东省东营市垦利区黄河口镇，以平原和丘陵为主，土地肥沃、农业发达，发展水平较高，但水资源比较匮乏，制约着经济的发展（郭晗，2020）。黄河流域地理地貌、资源禀赋以及发展条件的差异导致人口、资源与经济空间分布不协调。黄河流域的资源，特别是水资源，大多集中在中西部，资源集中度高于经济集中度，而人口与经济集中在东部，经济集中度高于资源集中度（林建华等，2020）。因此，水资源分布不均衡加剧了黄河流域不同区域的水资源供需矛盾。

（二）经济社会快速发展致使用水需求高

黄河流域城市化动力强劲，黄河流域城市化发展、能源工业、农业用水需求十分旺盛。在城市化方面，以城市群发展为特征的增长极正在形成，如太原城市群、中原城市群、兰州—西宁城市群、宁夏沿黄城市群、关中—天水城市群、呼包鄂榆城市群等，亟须以水定城、以水定人、以水定地、以水定产。在工业方面，黄河流域有 7 个煤炭基地，占全国的 1/2，有 6 个煤电基地，占全国的 2/3，这些能源工业发展的用水需求量巨大。在农业方面，作为全国重要的粮食主产区，黄河流域特别是中、下游地区亟须大量的水资源来保障粮食安全。在天然径流量衰减和用水需求量增加的双重压力下，即使考虑充分节水，水资源缺口势必呈扩大趋势。到 2050 年，在充分考虑节水情形下，黄河流域经济社会和生态环境将缺水 78 亿～158 亿立方米（李亚飞，2022）。用水需求的日益增多，必将进一步影响流域经济的协同性发展。

三、流域内空间开发失调，生态环境趋于恶化

（一）资源开发强度失度，水集约利用问题频发

黄河流域多年平均水资源总量647亿立方米，不到长江的7%，而2021年水资源开发利用率高达80%，远超一般流域40%生态警戒线，部分支流仍然存在断流或不满足生态流量水量需求；煤油气的开采活动亦可引起对地下隔水层及储水构造的破坏，造成地下水流场的改变及地下水环境的扰动，地表裂隙还会加剧地表水资源短缺，而废水的排放也会污染矿区附近的地表水体和浅层地下水资源，加剧地表水资源短缺，进而导致过度开采。此外，2021年引黄灌溉水利用系数只有0.568，远低于发达国家的0.7~0.8，新技术、新工艺推广落实不到位导致黄河流域用水效率低下，水资源浪费严重（蔡治国，2022）。

（二）空间开发模式粗放，工业、农业、生态空间失衡

黄河流域空间开发的模式较为粗放。一是资源型城市粗放型发展，流域生态环境恶化。由于黄河流域地理空间环境的特殊性，流域以发展资源密集型产业为主。例如，临汾、鄂尔多斯是中国重要的煤炭供给地，东营拥有中国第二大石油工业基地——胜利油田，三市均为严重缺水地区的重要资源型城市。而资源型城市多以超重型、高耗水、高排污的重工业为主，其万元产值的耗水量、排污量远高于其他类型产业。煤油气资源开发及加工利用属于高耗水型，直接疏干、破坏地下含水层，打破地下水生态系统平衡，工业的粗放式发展导致资源利用效率低下，造成水资源污染，加剧了对生态环境的破坏，导致工业空间与生态空间的失衡。二是黄河流域城市化发展速度较快，侧重于对城市空间的开发，对林地和农业用地的开发不足，导致生态建设力度不足。截至2020年，黄河流域城镇生活和工业废污水排放量已超过每年40亿立方米，主要纳污河段以约37%的环境容量承载了流域约91%的入河污染负荷，属于严重超载。2020年达到或优于Ⅲ类水的国控断面比例为80.7%，仍存在4.3%的劣Ⅴ类断面，水污染防治压力依然较大（任保平等，2020），生态保护与治理力度不足，导

致农业空间与生态空间的失衡。总体来讲，工业空间与农业空间的开发与发展都离不开生态空间的发展，粗放、无序、低效、失衡的空间开发模式会制约黄河流域生态保护与高质量发展的融合。

第二节　流域省区高质量发展不平衡

一、流域经济发展失衡，中心城市活力不足

（一）流域经济发展差异大，区域间经济分割严重

作为中国北部大河，黄河横跨中国的东部、中部、西部三大区域，是中国重要的经济地带。黄河自西向东分别流经青海、四川、甘肃、宁夏、内蒙古、陕西、山西、河南以及山东9个省（自治区）。其中，山东位于流域的东部地区、河南处于流域的中部地区，内蒙古地处流域的北部地区，其他6个省区均位于流域的西部地区。黄河流域由于区位条件、资源禀赋差异、历史发展等原因，流域内部经济自西向东分布极不均衡。从各省区的地区生产总值、分产业的工业增加值、财政收入等指标可以看出，山东、山西、陕西和河南的经济基础相对较好，其他省份经济基础相对薄弱，各个省份发展不平衡。图8-1对比了黄河流域和全国人均国内生产总值。从中可以看出，2017~2021年，虽然黄河流域人均生产总值在逐年增加，但均低于全国人均生产总值，可见黄河流域的经济发展水平与全国水平仍有一定差距。根据《中国统计年鉴（2022）》公布的数据，2021年位于黄河流域东部的山东和中部的河南的地区生产总值分别高达到83095.90亿元和58887.41亿元，远高于流域其他省份。其中，山东的地区生产总值是青海的24.83倍；而位于西部的甘肃、青海以及宁夏的地区生产总值分别为10243.3亿元、3346.63亿元和4522.31亿元，与流域其

他省区的经济发展水平有较大差距。黄河流域经济总体呈现"下（游）强上（游）弱"的格局，流域东、中、西之间的经济发展分化在一定程度上会影响流域内各种资源要素的自由流动，导致流域内部各个区域间经济分割，严重制约着黄河流域高质量发展的稳定性和持续性。

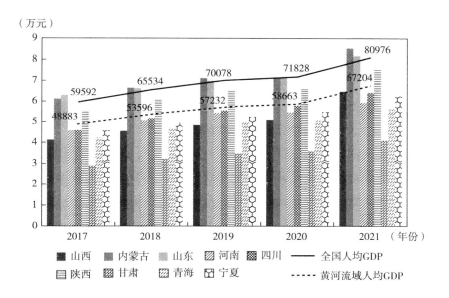

图8-1　2017～2021年全国和黄河流域人均国内生产总值

资料来源：国家统计局。

（二）中心城市经济总量低，辐射带动能力不够强

黄河流域中心城市是流域的经济中心和经济增长极，流域中心城市的发展水平影响着流域的整体发展水平（任保平等，2020）。从城市人口、经济规模等视角来看，郑州、西安、济南是"黄河流域生态保护和高质量发展战略"中处于第一梯队的三个城市。2021年三市的GDP分别达到1.27万亿元、1.06万亿元和1.14万亿元。从分省区的GDP来看，甘肃、内蒙古、陕西和河南四省的发展势头正劲，2021年GDP均已超过2万亿元，其中，四川和河南2021年的GDP均超过5万亿元，

宁夏不足 1 万亿元，甘肃和陕西不足 3 万亿元。整体上，虽然中心城市的 GDP 均超过万亿元，但其辐射带动能力较弱。与长江流域的中心城市相比，黄河流域中心城市的经济总量还有很大差距。据 2021 年的统计数据，长江经济带 11 个省份中万亿元级 GDP 城市有 10 余个，其中其龙头城市——上海 2021 年的 GDP 达到了 4.32 万亿元，排名全国第 10。长江经济带 11 个省份占全国 21.5% 的国土面积，承载了占全国 43.0% 的常住人口，创造了占全国 46.4% 的地区生产总值、约 44.8% 的地方财政收入（2020 年值）、48.5% 的社会消费品零售额、43.5% 的授权专利数、45.7% 的外贸进出口额和 82.2% 的实际使用外资额（金碚，2022）。因此，黄河流域内部中心城市的辐射带动能力不足也将延缓流域高质量发展的进程。

二、创新发展动力不足，科技创新能力不强

根据《中国区域科技创新能力评价报告 2021》[①] 可知，黄河流域整体的科技创新能力不高。图 8-2 呈现了全国 31 个省份的综合科技创新水平指数排名。黄河流域的山东、四川和陕西入围了前 10 名，但区域创新能力综合指数明显低于前 5 名的省份。山东的创新能力综合指数为 32.86，位居黄河流域各省份的首位，但其仅仅是创新能力综合指数排名首位的广东（65.49）的一半。与长江经济带省份相比，如表 8-1 所示，黄河流域创新能力综合水平指数的均值为 26.05，比长江经济带低 8.14，低于全国平均水平（30.48）。黄河流域各省份创新驱动发展与生产要素禀赋之间的矛盾突出，研发投入金额以及投入强度不高，研发经费投入使用的结构不够合理导致创新发展动力不足；创新载体少，创新孵化成效不高，专利申请受理量相对较低，导致黄河流域整体的创新实力、创新效率以及创新潜力相对较低，科技创新能力不强。

---

① 中国科技发展战略研究小组，中国科学院大学中国创新创业管理研究中心. 中国区域创新能力评价报告 2021 ［M］. 北京：科学技术文献出版社，2022.

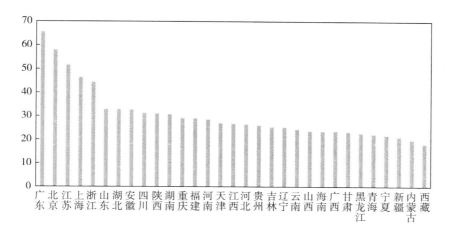

图 8-2　2021 年中国区域创新能力综合指数

资料来源：《中国区域创新能力评价报告 2021》。

表 8-1　黄河流域和长江经济带省份创新能力综合指数对比

长江经济带	创新能力综合指数	排名	黄河流域	创新能力综合指数	排名
江苏	51.63	3	山东	32.86	6
上海	46.39	4	四川	31.23	9
浙江	44.37	5	陕西	31.05	10
湖北	32.83	7	河南	28.51	14
安徽	32.68	8	山西	23.71	22
四川	31.23	9	甘肃	23.25	25
湖南	30.71	11	青海	22.26	27
重庆	29.08	12	宁夏	21.76	28
江西	26.75	16	内蒙古	19.80	30
贵州	25.99	18			
云南	24.44	21			

资料来源：《中国区域创新能力评价报告 2021》。

三、产业转型升级断层，产业布局有待优化

黄河流域受区位条件、自然气候、人文环境等多种要素的影响，其产

业基础主要以畜牧业、粮食生产、食品加工、能源化工等传统工业为主，是中国重要的能源、化工、原材料和基础工业基地。但黄河流域的产业总量水平相对较低、产业层次水平较低、同质化程度较高、断层缺位现象严重（郝宪印和袁红英，2021）。如图 8-3 所示，黄河流域流经省份中只有山东、四川和山西的规模以上工业增加值的增速高于全国 9.6% 的增速水平，其他地区均低于全国平均增速，可见黄河流域总体的产业增加值的增速不高，且各个省份之间的工业增加值增速差异大；黄河流域的工业产业多集中于有色金属、钢铁、建材（水泥）等资源密集型产业，而且能源矿产资源富集区域的资源开发长期处于采掘和初级加工，缺少高附加值终端产品和中端、高端产业，技术密集型产业占比较低，尤其是高新技术、新能源、智能电网、新能源汽车等战略性新兴产业发展滞后。例如，黄河流域煤化工主要靠低煤价，基础不牢靠，装备亟待国产化，发展仍受制于技术，煤化工重复建设，导致产能过剩（徐勇和王传胜，2020）。此外，由于上、中游省区传统产业产能比重大，且具有能耗高、水耗高、污染大等特点，产业转型升级步伐相对较慢，黄河流域长期形成的资源消耗型的产业结构以及分散化的产业布局与生态环境格局之间矛盾日益突出；黄河流域地区间或同一区域内关联产业间尚未形成有机联系，如煤化工、油气化工、盐湖化工、石化产业等传统产业尚未形成一体化发展，产业亟须进行补链、强链和延链建设。因此，黄河流域的产业结构优化升级迫在眉睫。

四、基础设施有待完善，公共安全形势严峻

要实现流域之间经济一体化发展，基础设施的完善，尤其是交通设施的改善是十分必要的（刘生龙和胡鞍钢，2011）。黄河流域城市内部的交通一体化程度偏低，各个区域间的交通通达度低。黄河干流通航条件差，上下游经济联系主要依靠运力紧张的陇海线等陆路交通，高铁等跨省交通主干线规划验线和竣工规划核实工作进展缓慢，不利于区域间资源要素的低成本流动，制约着文化旅游等产业资源优势的发挥（任保平等，2020）。此外，黄河流域受区位条件、自然气候、人文环境等多种要素影响，农

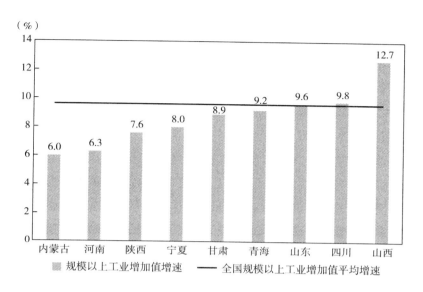

图 8-3　2021 年全国及黄河流域规模以上工业增加值增速

资料来源：《黄河流域九省区政府工作报告分析（2022）》。

业、工业、服务业及相关保障设施建设相对滞后。基础设施的综合承载力
较低，基础设施建设不平衡、不充分的矛盾使流域城市的饮水安全、生态
安全、防灾减灾等存在相当大的隐患，这在很大程度上降低了社会治理的
实际效果，流域公共安全形势严峻。

五、开放发展水平不高，市场一体化发展滞后

　　建设黄河流域对外开放门户是高质量发展的必然要求。近年来，黄河
流域进出口和外商实际投资呈现明显上升的趋势。如图 8-4 所示，2021 年
黄河流域各个省份的货物进出口金额①持续增长，山东、四川和河南的货
物进出口金额增速均高于全国增长水平。虽然黄河流域在货物进出口金
额方面有所改善，但除山东、四川和河南，其他省份的货物进出口金额
均低于全国平均水平，而青海、甘肃和宁夏的货物进出口金额之和仅仅

---

　　①　货物进出口金额（亿元）是按经营单位所在地分货物进出口总额。

占黄河流域货物进出口金额的1.32%。这说明黄河流域整体上的对外开放水平不高，且各省份之间的差距较大。此外，与长江经济带相比，其对外开放水平仍有较大差距。根据国家统计局公布的《2021年国民经济和社会发展统计公报》，2021年，长江经济带货物进出口金额为14.1万亿元，占全国的36.06%，同比2018年增长了27.7%。黄河流域的货物进出口金额约为5.60万亿元，仅相当于长江经济带的39.41%，占全国货物进出口金额的14.32%。总体来说，黄河流域整体对外开放程度偏低，且流域内要素流动更加偏向下游发达省区，这进一步加剧了资源错配，制约了流域内市场一体化的发展。

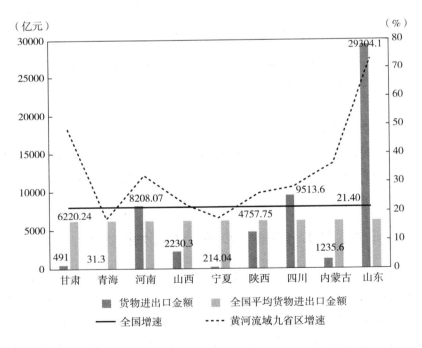

图8-4　2021年黄河流域九省区和全国货物进出口金额对比

资料来源：EPS中国宏观经济数据库。

六、居民收入差距较大，共同富裕短板突出

黄河流域高质量发展的最终目标是实现流域共同富裕，而补齐民生短板和弱项是重要抓手。图8-5为2021年全国和黄河流域的人均可支配收入情况。虽然2021年黄河流域九省区的居民人均可支配收入持续增长，但与全国人均可支配收入相比，黄河流域九省区的人均可支配收入普遍偏低，除山东和内蒙古，其他省份的居民人均可支配收入均低于35128元的全国平均水平。就居民人均可支配收入增速而言，除四川外，其他省份的增速均低于9.13%的全国平均增速。可见黄河流域居民收入水平普遍不高，且收入差距大，流域高质量发展的成果共享成效不佳，共同富裕的"短板"亟待补齐。

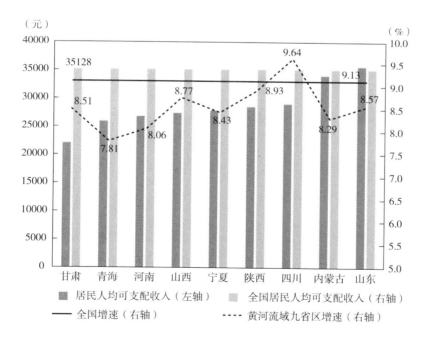

图 8-5　2021 年黄河流域九省区和全国居民人均可支配收入对比

资料来源：EPS 中国宏观经济数据库。

第三节　跨域协同治理现实困境诸多

一、流域内各区域利益协调困难

由于黄河流域内各省区在自然条件、资源禀赋、主体功能区划等方面的差异性，导致各个利益主体之间的协调难度相对较大。黄河流域不同区域的资源环境承载力、现有开发强度和发展潜力各异，国家主体功能区规划依此将其划分为优化开发区、重点开发区、限制开发区和禁止开发区四类主题功能区。如表8-2所示，黄河流域的优化开发区全部位于下游地区，而重点开发区和限制开发区大致位于中、上游地区，禁止开发区则大部分在上游地区。在限制开发区和禁止开发区内，大规模、高强度的工业化和城镇化开发受限，脆弱的生态环境和开发管制使其被迫放弃对经济拉动较大的制造加工和能源产业，其经济社会发展的空间受到约束。从测算的黄河流域高质量发展水平可以看出，空间差异明显且呈东西分层的特征。黄河流域下游城市的高质量发展水平较低，中游城市处于低水平和低等偏上水平的较多，下游城市多处于低等偏上水平和中等水平。主体功能区建设导致人口、资源要素、产业等向中、下游倾斜，进一步拉大不同功能区之间的经济发展差距，导致不同主体功能区之间的利益、上下游各省份间的利益难以协调平衡。

表8-2　黄河流域主体功能区规划

类型	特点	功能	主体功能区范围
优化开发区	人口较为密集，经济实力雄厚，开发强度大	调整产业结构，优化资源配置	胶东半岛国家级优化开发区、黄河三角洲

类型		特点	功能	主体功能区范围
重点开发区		地理环境优越，交通环境便利，经济发展基础较好，资源和环境承载力较高，发展潜力较大	工业化、城镇化开发重点区域	太原城市群（资源型经济转型示范区）、成都经济区（西部交通和经济中心、科技创新和金融中心）、呼包鄂榆地区（全国能源及化工农牧基地）、中原经济区（全国物流及科创中心、人口经济密集区）、关中—天水地区（西部经济中心）、兰州—西宁地区（全国循环经济示范区）、宁夏沿黄经济区（能源新材料和清真特色农产品加工基地、区域性商贸物流中心）
限制开发区	农产品主产区	具备较好的农业生产条件，以农副产品生产加工为主	增强农业综合生产力，保障农产品的供给需要	黄淮海平原主产区、汾渭平原主产区、河套灌区主产区、甘肃新疆主产区
	重点生态功能区	能够影响全国或较大范围区域生态安全，以保持并提高生态产品供给能力为主	增强生态产品生产力，保护和修复生态环境、提供生态产品	以水源涵养为主：三江源草原草甸湿地生态功能区、若尔盖草原湿地生态功能区、甘南黄河重要水源补给生态功能区、祁连山冰川水源涵养生态功能区
				以水土保持为主：黄土高原丘陵沟壑水土保持生态功能区
				以防风固沙为主：呼伦贝尔草原草甸生态功能区、浑善达克沙漠化防治生态功能区、阴山北麓草原生态功能区
				以生物多样性维护为主：秦巴生物多样性生态功能区
禁止开发区		有丰富的自然资源或人文资源，是重点保护区域	为全国提供生态公共产品，保护自然文化遗产	流域内国家级自然保护区（河南黄河湿地国家级自然保护区）、世界文化自然遗产（山西秦始皇陵及兵马俑）、国家级风景名胜区（黄河壶口瀑布风景名胜区）、国家森林公园（山西太行大峡谷国家森林公园）、国家地质公园（甘肃景泰黄河石林国家地质公园）

资料来源：《全国主体功能区规划——构建高效、协调、可持续的国土空间开发格局》（2010）。

二、流域协同治理主体机构缺位

(一) 统筹建设管理机构缺位

黄河流域目前的流域管理体制难以满足现实的治理需求。多年来，黄河流域的水源、水量、水质、供水、排水、治污等相关管理职能分散在水利、交通运输、生态环境、农业农村、自然资源等部门，部门分散化的管理导致利益争夺和责任推诿的情况时有发生（李萌，2020）。黄河流域缺乏全局性的流域协作管理、建设和治理机构，同时流域层面的主体功能区建设管理机构也缺位（任保平等，2020）。虽然已经设置了黄河流域的管理机构——黄河水利委，但其隶属于水利部，在政策工具的出台和运用上缺乏自主性；同时，黄河水利委下设多个附属机构，流域的管理职能分属于多个部门，致使各个部门间的协调摩擦增多，由此产生多头分割管理的问题，容易导致各管理部门之间的权力和利益争夺，在问题和责任面前出现"九龙治水"的局面，导致黄河流域各治理要素、治理主体缺乏统筹，治理工作孤立、碎片化的问题仍没有得到根本解决。因此，流域建设主体机构的缺位以及分散化的治理模式导致流域内部的利益摩擦，加剧利益协调的难度，严重制约了黄河流域的高质量发展（钞小静和周文慧，2020）。如何构建统筹全流域的建设管理机构，推进利益相关者形成良性合作的伙伴关系、实现区域协同治理是当前黄河流域面临的亟待解决的问题。

(二) 多元协作治理结构单一

作为一个有机整体，当前黄河流域的治理结构主要依赖于流域内各级政府的层级式管理，行政式命令主导着流域的协作治理，虽然可以保障纵向责任的落实与体制的稳定，但使得市场主体、社会主体与地方政府间的远近亲疏关系、话语权等均存在差异，这种性质差异阻碍了协同治理的实现（方雷，2015）。因此，这种以政府投入作为主要治理主体的传统方式已经无法应对流域层面的大规模、广面积、多样化、强关联、复杂化的生态环境问题（李萌，2020）。治理参与主体单一，黄河流域治理权力过于集中，缺乏权力制约机制和多元主体参与监督机制，进而不能发挥政府、企业、社会组织、公众各主体参与治理的积极性和主动性，也使得黄河流域生态环境保护缺乏内生动力和可持续性（任保平和邹起浩，2022）。当前，参与协同治理主体的性质差异构成了协同治理的组织障碍，但单主体的治理模式已经难以为继，黄河流域的生态保护和高质量融合发展离不开多元主体的参与，变"管理"为汇聚多元智力的现代化治理、从权力高度集中的管制向权益方的参与式管理转变成为提升融合水平的重要途径之一。

三、流域协同治理机制尚未建立

由于黄河流域流经不同行政辖区，使原本具有系统性、完整性以及关联性的流域自然空间被行政区单元分割开来，而黄河流域管理的流域机构与地方机构均属于自上而下的科层式管理体制，行政级别差异使地方政府在协同治理的过程中难以形成合理有效的组织结构，缺乏统一的交流与协调合作模式。流域内流域管理与行政区管理职责划分不清，生态环境治理呈现出"条块分割、纵向分级、横向分散"的碎片化特征（郝宪印和袁红英，2021），跨流域的协同治理面临着多种有形和无形的交易成本，导致黄河流域权责配置不均衡、流域范围内资源协同配置水平较低、缺乏足够的社会治理疏解与协调能力，生态环境治理体制条块分割，跨部门协同治理机制不完善，制约着黄河流域协同发展。

四、跨流域信息共享机制不完善

黄河流域的协同治理关系着政府、企业、社会组织以及公众的切身利益，然而当前的信息公布网站与流域协同治理平台建设已不能满足跨流域协同治理的新要求。具体来讲，黄河流域的机构没有纳入地方政府部门的交流平台，与地方政府相关部门的横向联系缺乏正式的信息交流渠道，流域管理部门之间信息资源共享互通受阻。此外，流域治理信息公开透明度较低，相关管理部门缺乏对反映流域水文资源、环境质量、污染源清单、水域岸线管理运行等流域治理信息的有效公开与宣传，市场力量和社会力量参与监督治理的渠道不畅。因此，畅通流域协同治理的信息共享渠道、完善信息公开共享机制对解决当前跨流域协同治理十分必要。

本章小结

黄河流域自然地理条件、空间经济环境的特殊性致使黄河流域经济发展与生态保护间的矛盾、经济发展模式与资源环境承载能力之间的矛盾、产业结构调整布局与生态环境格局之间、创新驱动发展与生产要素禀赋之间的冲突日益严峻，流域生态保护与高质量发展融合面临许多困境。具体表现为环境保护形势依然严峻、流域高质量发展不平衡、协同治理矛盾困境突出等问题，这将长期困扰黄河流域的协同治理。因此，黄河流域的生态治理需要各个部门、各个领域、各个行业树立综合治理的协同发展理念，全面、深入地探析黄河流域生态保护和高质量发展融合面临的现实困境将为全流域生态保护和高质量发展融合提供破局思路。

第九章

黄河流域生态保护和高质量发展融合的
经验借鉴

黄河流域生态保护与高质量发展已经上升为国家战略。基于"共同抓好大保护，协同推进大治理"的目标，必须推进黄河流域生态保护与高质量发展融合。人类社会历史的发展在空间上往往是与大江大河流域的开发治理密切相关的，世界上著名流域的开发治理对黄河流域的生态保护与高质量发展的融合具有较强的借鉴意义。可以借鉴吸收其成功的经验，并结合黄河流域自身的资源特点以及发展状况加以调整改进，来为黄河流域的生态保护与高质量发展融合提供发展思路与路径探索。

第一节　国外生态保护与高质量发展融合的
经典案例分析

黄河流域是中华文明的主要发祥地，是中华民族的母亲河，拥有悠久的人文、深远的历史以及辉煌的经济，是中国重要的生态屏障、经济地带以及巩固全面建成小康社会的重要区域。但是，黄河流域生态环境脆弱、水少沙多，自然禀赋较差，资源环境承载能力有限，黄河流域水土流失和黄河水患综合治理一直面临巨大挑战。欧美等国家和地区在国际流域的开发与治理历史较长，其期间积累了许多成熟经验可供黄河流域开发治理借

157

鉴。欧洲的莱茵河、美国的田纳西河的开发治理也经历了从盲目自大的掠夺式发展到谋求与自然和谐相处的发展模式，并在开发治理的实践中摸索出了一条成功的道路。如今莱茵河和田纳西河流域已经实现了生态保护与经济发展双赢的局面，成为了世界上流域开发治理的成功案例。黄河流域生态保护与高质量发展融合也可以借鉴其成功经验，为自身的融合发展建设添砖加瓦。

一、莱茵河流域融合发展案例

（一）莱茵河流域发展概述

莱茵河是极具历史和文化底蕴的欧洲大河，也是欧洲境内世界级别的工业运输动脉。莱茵河发源于瑞士的阿尔卑斯山脉，其自南向北流经瑞士、列支敦士登、德国、法国、卢森堡等国家，进入荷兰三角洲地区后分为几支进入北海。全长1360公里，流域面积25.2万平方公里。莱茵河是欧洲水量最丰富的河流之一，在欧洲河流中占有重要地位，具有良好的水流条件，常年自由航行量超过700公里，年货运量在3亿吨以上，是世界上最繁忙的航道之一，也被誉为"欧洲母亲河"。莱茵河流域沿岸平原区的农业较发达，沿岸支流的峡谷地区大量种植葡萄，高质量的葡萄酒取得了极大成功。莱茵河流域人口约5000万，流域生产总值约占全欧洲的1/2（周刚炎，2007），莱茵河是欧洲的重要水道和沿岸国家的重要供水源，带动了沿岸各国经济的持续发展，沿岸形成了著名的人口、产业和城市密集带。

（二）莱茵河流域的主要开发与治理历程

如今的莱茵河有着清澈的河水和秀美的两岸风光。早在19世纪初期，莱茵河就凭借其优越的地理位置，温和的流域气候以及充沛的降水成为了世界上最具开发潜力的河流之一。但是在第二次世界大战之后，工业化、城镇化以及现代化的进程加快，使得莱茵河流域资源消耗剧增，水资源开发过度，大量的重化工企业聚集在莱茵河流域，由此带来了洪水频发、水体恶化、废物污染等一系列生态环境问题，莱茵河流域一度被称为"欧洲下水道"，严重威胁流域内居民生活健康和生态系统安全。莱茵河流域内各国也开始意识到对流域进行治理与开发的重要意义。从 20 世纪 50 年代开始，流域内相关国家启动了莱茵河流域治理，整个过程经历了治理初探阶段、污水治理阶段、生态修复阶段和综合治理阶段。

1. 治理初探阶段

针对莱茵河日益严重的环境污染问题，在 1950 年，法国、德国、卢森堡等国家联合建立了保护莱茵河免受污染国际委员会（International Commission for the Protection the Rhine against Pollution，ICPR），以期寻求共同的解决方案。该委员会协调沿岸国家严格控制污染物的排放，预防莱茵河再次受到污染。但是由于"二战"刚刚结束，各国迫切需要恢复和发展经济，污染问题并没有成为各国关注的重点，虽然 ICPR 在流域联防联控上付出了巨大的努力，但流域的污水治理收效甚微。

2. 污水治理阶段

1986 年，瑞士巴塞市桑多兹发生的剧毒物污染莱茵河事故，造成了 160 公里范围内多数鱼类死亡，约 480 公里范围内的井水受到污染影响而不能饮用。之后德国巴登市的 2 吨化学农药泄漏，使得河水含毒量超过标准的 200 倍。这两次环境事故使得莱茵河的生态遭到严重破坏，但也终于唤醒了政府、企业和民众，流域内各国也开始了对莱茵河进行综合治理。ICPR 召开了多次会议讨论水质污染问题，最终于 1987 年制订了"莱茵河行动计划"（The Rhine Action Programme），投入大量人力、物力来治理莱茵河的污染问题，并且提出到 1995 年实现各种污染物达到 50% 的消减率的目标。欧洲各国开始积极兴建污水处理厂，连接化工企业与各大市镇，同时也采取强有力的措施降低意外事故造成的污染风险，成功地减少了城市生活污水和工业废水的排放量。在这一阶段，河流的水质得到了恢复。

3. 生态修复阶段

在水质逐渐恢复的基础上，ICPR 又提出了改善莱茵河生态系统的目标，即在保证莱茵河作为安全饮用水源的基础上，同时提高流域的生态质量，使得如鲑鱼等高营养级物种重返原来的栖息地。到 1999 年，在原来五国的基础上，欧盟新加入了 ICPR，新的莱茵河保护公约从生态系统保护的角度对待莱茵河流域的可持续发展，将河流、沿岸以及所有与河流有关的区域综合考虑，来保护全流域的健康发展。公约的讨论议题也扩展到解决洪水、地下水以及生态问题。新的公约标志着人类在国际水管理方面迈出了重要的一步，即确立生态系统目标，同时扩展除改善水质的合作之外的其他生态合作范围，从生态系统的角度来恢复整个莱茵河的健康。

4. 综合治理阶段

1993 年和 1995 年，莱茵河流域发生大洪水，流域各国又制订了"洪水行动计划"（Action Plan on Floods）来加强河滩区的生态功能，提高洪水防范与应对意识，减少极端洪水带来的危害。2001 年，"莱茵河 2020 计划"的发布明确了实施莱茵河生态总体规划，详细制定了莱茵河流域防洪保障、地下水保护、水质改善和生态改善等方面的目标。随后还制订了生境斑块连通计划（Habitat Patch Connectivity）、莱茵河洄游鱼类总体规划（Masterplan Migratory Fish Rhine）、土壤沉积物管理计划（Sediment-management Plan）、微型污染物战略（Strategy for Micro-pollutants）等一系列行动计划（王思凯等，2018）。2000 年后，这些行动计划已经从当初迫在眉睫的挑战转向更高质量环境的创建和生态系统服务功能的开发。

（三）莱茵河流域协同开发治理的经验总结

1. 建立完善流域合作组织，健全流域合作治理制度

莱茵河流域治理最突出的经验是建立了流域治理的合作组织和机制，为流域的合作治理创造了核心条件。虽然莱茵河沿岸国家的国情和经济发展水平存在差异，但都不同程度地受到流域生态环境问题的影响，沿岸国家具有治理河流的共同愿望与目标，这为 ICPR 的成立奠定了基础。ICPR 作为区域性国际组织，其连接和纽带作用非常显著。ICPR 的合作机制主要有两个部分：一是政府间合作机构，二是非政府间合作机构，两者相互协调合作，共同构成莱茵河跨国合作机制。政府间合作机构以及非政府间合作机构又有三个层次：第一个层次是权力机构，包括全体会议和协作委员会，负责做出治理决策；第二个层次是秘书处和项目组，负责在决策通

过后实施战略措施；第三个层次是专项工作组和专家组，工作组和专家组相互配合，共同完成专项工作（翁鸣，2016）。ICPR 不是一个完整意义上的官方机构，更像是一个多层次、多元化的合作平台，它能够调动各成员国政府、专家学者、非政府组织、新闻媒体、利益相关方等积极参加。ICPR 有利于凝聚沿岸国家的治理力量，在流域范围内展开国际性的协同治理，并对治理情况予以监督。

在具备合作治理组织的基础上，莱茵河合作治理的顺利进行离不开明确的合作治理制度和方向。莱茵河流域治理的制度保障主要包括四大机制：一是综合决策机制，该机制可以保证流域内各国在 ICPR 的主持下，基于人口、资源、环境与经济协调以及可持续发展的原则，共同对流域开发和治理方面的重大事项进行协商并得到明确的结论；二是沟通与协调机制，即通过设定合理的协调机制，节约合作治理的成本，合理筹措和投入资金，激励流域各国人民为全流域做贡献，从而实现个人积极维护公共利益，最终取得治理成效；三是政府间信任机制，通过树立各国政府利益和责任共同体"共赢"的利益意识，强化认同感，使流域内的各地方政府意识到构建共同治理水污染目标的重要性和紧迫性，以促进各国政府更好地进行跨国治理合作；四是流域环境影响评价机制，该制度要求流域所在国，对其即将实施的有关项目进行跨界影响评价，同时将项目提交给流域管理机构和国际组织进行评价，以实现提前预警和预估的流域管理。黄河流域的融合发展离不开流域沿岸省区的共同努力，完善的流域治理组织和制度有利于凝聚沿岸人民力量在流域范围内展开合作。

2. 完善流域治理规划协议，约束引导流域联防联控

莱茵河治理的重要原则之一就是要保证莱茵河的可持续发展。若要实现莱茵河这样的跨国大河的可持续发展，必须从一体化的整体空间角度来对莱茵河流域的开发治理进行全局谋划。莱茵河成功治理的经验就是紧抓治理规划，制定实施莱茵河全流域的行动协议。正是有了这些国际性的治理规划和行动协议，才为莱茵河流域各国污染和破坏莱茵河的行动产生了

法律性约束，并为流域各国治理莱茵河的实践行动提供了行动指南和执行准则。在 ICPR 和欧盟等国际组织的共同推动下，流域各国先后签订了一系列的生态保护协议和相关行动协议，如表 9-1 所示。这些协议、规划以及计划的签署与实施对莱茵河流域各国的生态保护和经济发展进行了统一协调，推动莱茵河治理不断细化、深化、规范化与标准化，强化了流域各国的密切合作和协同治理，极大地改善了莱茵河生态环境和发展状况，促进了流域的可持续发展（黄燕芬等，2020）。

表 9-1　莱茵河生态保护治理计划及行动协议

时间	发布主体	发布内容	目的及意义
1963 年	ICPR	《保护莱茵河伯尔尼公约》	奠定了保护莱茵河流域国际合作的基础
1976 年	ICPR	《莱茵河氯化物污染防治公约》	有效预防和治理莱茵河流域的有害化学物质和化工污染
1987 年	莱茵河各国环保部长会议	《莱茵河 2000 年行动计划》	到 2000 年让三文鱼重返莱茵河
2000 年	欧盟	《欧洲水框架指令》	莱茵河流域各国开始更多地执行该框架，而没有在 ICPR 框架下做出新安排
2001 年	莱茵河流域各国部长会议	《莱茵河 2020 计划》	实现莱茵河流域防洪保障、地下水保护、生态改善等目标，是更系统、更全面、更严格的莱茵河治理目标和规划

资料来源：参考张婉陶（2019）的研究整理得来。

3. 产业优化升级因地制宜，跨域产业合作深度融合

现阶段，莱茵河的开发主要是以综合开发为目标，即在利用流域资源的前提下，基于自身原始禀赋和功能定位，因地制宜地进行产业布局和分工，进一步加强流域内的经济联系，促进流域经济带的成型与成熟。历史上，莱茵河流域曾经分布着鲁尔工业区等集中成片的老工业基地，当地政府大力促进产业退出、产业转移以及产业转型升级，把许多厂区、矿区改造成文化创意、研发设计中心和工业旅游景点等，并加大区域援助，逐步

恢复经济发展生机。随着国际市场环境的变化和环境规制的强度增加，许多化工、机械和制药等企业将生产基地逐步转移到新兴发展中国家，以便接近市场和节约成本，同时把宝贵的土地空间用于发展产业链的高端环节或新兴产业。在沿岸国家进行产业升级和转移的基础上，各国还打破行政地理边界，积极探索跨区域的产业合作模式。在沿岸上下游，通过合理的产业分工、布局和集群，形成以"港口城市—沿岸经济带—流域经济区"为载体的"点—轴—面"式的产业空间发展模式，促进流域产业合作的进一步深入（孙博文和李雪松，2015）。

4. 坚持开发与治理相协同，确立共治流域管理准则

在过去的一个多世纪，莱茵河流域走过了"先污染、后治理"的路子。为了应对日益严重的污染，莱茵河流域兴建了更多的污水处理厂，实行更加严格的排污标准和环保法案，加大环保执法力度，并实施生物多样性恢复工程。同时，各国政府长期在莱茵河保护国际委员会（ICPR）的框架下开展流域生态环境保护与治理合作，积极落实各方制定的条约。现阶段，随着跨国、跨区域的流域经济合作和保护合作进一步深化，开发和保护的协同发展成为了莱茵河经济与生态建设的基本准则。莱茵河具有"黄金水道"的优势，流域内实现了"内河运河、江河海洋"的连通，大大地加强了流域国家之间乃至与全球各地的商业往来，促进了人才、技术、资金、市场等生产要素的自由流动，推动了沿河产业的繁荣，造就了阿姆斯特丹、法兰克福等世界闻名的城市经济带，这些城市在功能上优势互补，进一步促进了资源要素在莱茵河流域的充分流动和优化配置，带动了莱茵河流域各经济体的可持续发展。

5. 多元主体参与监督治理，构建多方协作治理格局

莱茵河治理不仅是流域内各国政府的职能所在，也关系流域内企业、社会组织和公众的共同利益。民众、各种企业组织和社会组织机构在莱茵河协同治理中也发挥着非常重要的作用。首先，生态灾害和环境污染问题深刻地影响了莱茵河流域居民的日常生活，人民开始自觉关注莱茵河流域的环境状况，要求政府进行公开透明的管理。除自发监督外，公民陪审团

也是民众参与莱茵河治理的重要方式之一。例如，莱茵河荷兰段、弗莱福兰省、乌得勒支市等都先后设立了公民评审团。此外，专家咨询会、听证会等民主协商形式也是公民参与莱茵河治理的重要形式。其次，莱茵河流域的企业也主动或被动地参与莱茵河的治理。莱茵河完善的监督机制确保可以迅速发现污染源，并立即追寻污染源，找出污染企业并公之于众，将企业的产品、经济利益以及社会形象与企业的环保行为密切联系起来，这无疑给莱茵河流域内的企业带来巨大的环保压力，从而倒逼企业提高环保技术，以实现更高的环保目标，彰显企业社会责任感，提升企业社会形象。此外，如由矿泉水公司、自来水厂等组成的水质观察员队伍也自发地参与莱茵河的治理。最后，莱茵河生态环境的改善和治理的成功也得益于一些社会组织的积极参与，特别是一些环保组织的积极参与。这些组织不仅可以对政府部门和相关企业施加压力和影响，呼吁它们关注莱茵河生态状况并进行环境保护，还通过媒体报道、公益广告等宣传形式引起广大民众的关注，启发公众的环保意识，呼吁公众参与环境保护，共同推进莱茵河治理。

二、田纳西河流域融合发展案例

（一）田纳西河流域发展概述

田纳西河流域位于美国东南部，阿巴拉契亚山脉西侧，是美国最大的河流——密西西比河东岸支流俄亥俄河的一条流程最长、水量最大的支流，全长1600公里，流域面积10.5万公里。流域大部分位于田纳西州境内，并横跨肯塔基、弗吉尼亚、北卡罗来纳、佐治亚、亚拉巴马、密西西比六个州。上游、中游为丘陵地区，海拔600～1800米，水能资源约414万千瓦；下游为开阔的平原，海拔在500米以下。降水年均1000～1500毫米，水网发达，有一级支流19条，二级支流31条（王一鸣，2013）。流域内有较丰富的水利、森林、矿产和旅游资源。

（二）田纳西河流域主要开发与治理历程

田纳西河流域的灾害问题与其流域自然条件密切相关，田纳西河流域东部为山区，且多为陡峭的山坡；西部为丘陵平原，地表多为强风剥蚀沉积的黄土层，极易冲蚀，水土流失问题十分严重。这种流域地势分布不利于流域沿岸交通的建立，陆路交通不便也限制了流域地区的经济往来与经济发展。虽然田纳西河水系发达、支流众多且水量丰富，但是流域地区气候多变，洪涝灾害频发，流域水量不稳定，造成航运条件差，田纳西河的水资源利用率较低。自 19 世纪后期以来，人类对田纳西河的过度开垦、肆意砍伐森林以及掠夺式开采矿物资源更是加深了田纳西河的灾害情况，引起了严重的土地退化、森林破坏以及人口外流，田纳西河一度成为美国最贫穷落后的地区之一。田纳西河的开发治理已经成为了美国政府振兴该流域发展迫在眉睫的难题。

1836 年，美国政府开始在该河上兴建通航工程，1925 年建成威尔逊大坝以提高马瑟滩上的通航水深。1922～1925 年，美国陆军工程兵团提出田纳西河的综合开发报告，虽经批准，但当时并未实行。1933 年，美国经济进入大萧条时期，根据罗斯福总统的建议成立了田纳西河流域管理局（Tennessee Valley Authority，TVA），开始了有计划的流域综合治理和开发。

田纳西河流域管理局的任务是规划、开发和利用流域内的各种资源。设立的董事会直接对总统负责，并有自己的设计、施工队伍负责项目建设，因此，该机构在经营上具有较大的自主权和灵活性。田纳西河流域管理局的发展经历了如表 9-2 所示的四个阶段：1933～1950 年为起步阶段，这一阶段主要是解决防洪和航运问题，并在这个大前提下发展水电。1950～1970 年为发展阶段，这一阶段主要建设水电站，并研发核能。1970～1980 年为全盛阶段。不仅完成了支流的水电开发，建成了大型水电站，继续发展核电，还开发太阳能等其他新能源。从 20 世纪 80 年代后期开始，田纳西河流域管理局在水利工程方面的主要工作是对老水电站进行改造，使之现代化；按新的防洪标准设计加固大坝，以策安全；进一步改善河道水质等。

表 9-2　田纳西河流域管理局的发展阶段及任务

发展阶段	时间	主要任务	取得成效
起步阶段	1933~1950 年	在干支流上修建水利枢纽，最大限度地发展水电	基本完成干流开发，控制了洪水，渠化干流航道，建成大坝 20 座
发展阶段	1950~1970 年	主要建设火电厂，开始研究发展核能，继续兴建支流水库	满足负荷增长的需要，水电、核电开始兴起
全盛阶段	1970~1980 年	完成支流的水电开发；建成腊孔山大型抽水蓄能水电站；继续发展核电站；开始研究利用太阳能和其他新能源	新能源的开发和水利资源得到充分利用，新能源的开发和利用得到了发展
巩固阶段	1980 年至今	改造老水电站；加固大坝；改善河道水质	老水电站现代化，大坝更加坚固，河道水质得到改善

（三）田纳西河流域的开发治理经验总结

1. 完善流域整体治理法律法规，提供坚实法治保障

作为联邦制国家，美国各个州的权力很大。田纳西河流域广袤，流经 7 个州，因此，只有通过在联邦层面立法，才能真正对整个田纳西河流域进行综合管理。美国在 1933 年通过《田纳西河流域管理局法案》，成立田纳西河流域管理局，并对其职能、开发各项自然资源的任务和权力作了明确规定，如田纳西河流域管理局有权为开发流域自然资源而征用流域内土地，并以联邦政府机构的名义管理；有权在田纳西河干支流上建设水库、大坝、水电站、航运设施等水利工程，以改善航运、供水、发电和控制洪水；有权销售电力；有权生产农用肥料，促进农业发展等（谈国良和万军，2002）。《田纳西河流域管理局法案》的这些重要规定为田纳西河包括水资源在内的自然资源的有效开发和统一管理提供了保障。田纳西河流域管理局拥有制定流域内行政法规的权利，自该法案颁布以来，随着流域的开发和管理的变化，田纳西河流域管理局对其不断进行修改、补充和完善，使涉及田纳西河流域开发和管理的所有具体措施都有坚实的法律保障。

2. 杜绝"多龙治水"之乱象，统一管理流域水资源

《田纳西河流域管理局法案》第四部分规定了田纳西河流域管理局

（TVA）的一系列权利，TVA 被授权对田纳西河流域的自然资源进行统一管理与开发，拥有对流域内所有水资源的统一调度权，在整体上不受联邦政府其他部门和地方政府的干涉，是一个既有实权又兼顾协调性的机构。由于权利高度集中，在这种强有力的管理体制下，各个部门积极配合，流域管理、开发及治理措施实施得十分顺畅，避免出现了因多个机构共同开发管理而导致的相互争夺资源、遇事扯皮、相互推诿的乱象，即使有矛盾也可以在 TVA 的统一管理下化解。因而，TVA 按照促进流域内航道改善、防洪基础设施建设、利用水资源生产电力来促进经济发展的思想，来对田纳西河进行统一规划，制定了许多有利于流域长期发展的具体措施。在 TVA 成立后的一个时期，主要是根据河流梯级开发和综合利用的原则制定规划，对田纳西河流域水资源进行集中开发。在航运方面，田纳西河流域起始开发的首要任务是航运，用 9 个梯级实现了主河道渠化；在防洪方面，TVA 在各个支流修建大坝，在有条件的支流修建高坝大库，蓄洪削峰，达到了对全流域洪水的有效调节（张婉陶，2019）；在发电方面，TVA 将防洪、水力发电和通航融为一体，充分开发当地的水力资源进行发电，解决当地电气化问题。

3. 联合政府管理与企业经营，创新政企共治新模式

田纳西河流域管理局（TVA）刚成立时，时任美国总统罗斯福就向国会提出，TVA 应成为既享有政府权利、又具有私人企业的灵活性和主动性的机构。据此，TVA 被确定为联邦一级机构。TVA 的管理由具有政府权利的董事会和具有咨询性质的地区资源管理理事会来实现。董事会由总统提名、国会任命的三人组成，是 TVA 最高的权力机构，直接向总统和国会负责。董事会下设一个由 15 名高级管理人员组成的"执行委员会"，各个委员主管某一方面的业务。"地区资源管理理事会"是根据《TVA 法》和《联邦咨询委员会法》建立的，目的是促进地方参与流域管理。理事会约有 20 名成员，包括流域内 7 个州的指派代表，其余的成员由航运、防洪、水利、发电等各方代表来担任，拥有广泛的代表性，为 TVA 行政机构的决策提供参考和咨询。TVA 的企业性质体现在其追求市场经济利益，拥有企

业的自主性和灵活性，同时拥有巨大的自主决策权，其内部结构的设置由董事会全权做主，而且各部门之间拥有极大的独立性，其开展的各种措施业务很少受到干扰，各部门能够在统一的领导下相互协调配合，大大提高了经营效率。

4. 注重环境保护和治理，走可持续发展的绿色道路

在开发中重视环境保护和治理，是田纳西河流域管理局（TVA）的成功经验。TVA 很早就认识到生态环境保护的重要性，因此制定了严格的环境保护政策，其董事会每两年便会对其环保政策进行评估和调整，以期适应整体的发展战略，确保田纳西河流域的开发治理是可持续的。TVA 环境保护的主要措施包括：一是提供清洁能源，TVA 投入资金以有效、可负担的方式不断改进发电设备，以实现其提供清洁、可靠、廉价能源的承诺；二是对田纳西河流域附近区域的工厂加强管理，以改善城市和工业用水的质量；三是制订污染物排放控制计划来减少空气中的污染排放物；四是通过在现有发电设备上安装排放控制设备，并选择更清洁的能源来改善流域内空气质量；五是 TVA 努力通过土地管理计划、矿权政策、岸线管理政策等保持在其管理下的土地环境良好、健康，在实现环保承诺的同时兼顾流域经济发展和居民居住、娱乐的需要。

5. 扩宽流域治理融资渠道，保障流域经营良性运作

田纳西河流域管理局（TVA）作为开发治理田纳西河的具有联邦政府权利的经营实体，其经营的良性运作要依靠多元化的运营资金来源来实现。该机构的资金来源主要有三个方面：一是政府的资金扶持。TVA 的开发治理项目最初都依赖于联邦政府的拨款。截止到 1959 年，国会的累计拨款达 20 多亿美元，联邦政府对 TVA 的拨款资产也已累计达 2151.7 万美元（孙前进，2010）。此外，TVA 还享受联邦、州、县三级免税政策，相当于变相的资金支持，虽然明面上其经营利润都会上缴给联邦政府，但是实际上联邦政府都会以财政拨款的形式返还。二是以开发电力等赢利项目为发展积累资金。TVA 最初是开发水电项目，到 20 世纪 50 年代，随着电力负荷的需求迅速增长，TVA 也开始积极兴建火电站，相继建设核电和燃

气电站，电力生产逐渐成为其最大的经营资产。三是通过发行债券向社会筹集资金。1960 年开始，TVA 在国内发行债券来为电力发展筹措资金。1995 年开始在国际市场发行债券，TVA 通过对债券的成功运作，促使电力生产经营逐渐成为其经济支柱，也让社会共享田纳西河流域开发带来的收益。

第二节　国内生态保护与高质量发展融合的经典案例分析

长江和黄河是中华文明的发源地，河姆渡文化和半坡遗址就是在这两条河流领域被发现的，因此被称为中华民族的"母亲河"。无论是政治、经济还是在文化上，它们迄今为止仍然发挥着巨大的作用。长江和黄河都发源于青海，自西向东横跨整个中国并穿过中国地形三大阶梯，这也造成了长江的流域环境以及流域存在的治理问题与黄河流域存在某些相似之处。长江流域的开发治理已经走过了很长的历程，且长江治理也取得了举世瞩目的辉煌成就。因此，长江流域在开发治理过程中的经验与教训对于黄河流域的生态保护与高质量融合发展具有重要的参考价值。

一、长江流域发展概述

长江是中国最长的河流，发源于青藏高原唐古拉山，流经青海、西藏、四川、湖北、湖南、江西、安徽、江苏等 11 个省份，全长 6393 公里，流域面积超过 180 万平方米，约占中国国土面积的 18.75%。流域内气候温和湿润，雨量丰沛，有记录以来多年平均降水量 1100 毫米，水能资源丰富，可开发量 19724 万千瓦，占全国水能可开发量的 53.4%，主要分布在长江上游的西南地区（郑守仁，2004）。流域内蕴藏着丰富的矿产，且矿藏品种多、分布广，大多数矿藏量在全国占重要地位。长江干流是横贯东西的航运大动脉，其支流向南北延伸形成水运网，长江流域历来都是中国重要的农业区和产粮区，流域内已形成多个经济较发达的区域，具有很大的经济发展潜能。

二、长江流域的主要开发和治理历程

(一) 长江流域开发以及治理的萌芽起始时期 (1921~1978 年)

在 20 世纪 80 年代之前，中国的环境问题主要体现为在进行农业生产时对自然资源的粗放式利用，造成大量水土流失以及植被的破坏。1921~1948 年是自然资源保护的萌芽期，当时对自然资源和环境的关注以及所采取的保护措施是建立在促进农业发展和改善农业生产的基础上的。1949~1978 年是中国治理开发长江流域的萌芽起始阶段，标志性事件是成立了长江水利委员会 (简称长江委)，重点开展流域规划和重要防洪工程建设，实现了长江流域由防洪到以防洪为中心进行综合治理的历史性转变。

(二) 长江流域环境保护体系的初步构建时期 (1979~1991 年)

随着改革开放步伐的加快，长江流域经济发展进入快车道，中国的环保意识从萌芽时期逐步进入到初步发展期，环境保护力度逐渐增大，长江流域环保体系初步形成。该时期的标志性事件是 1979 年中国首部环保法《中华人民共和国环境保护法 (试行)》的颁布，这标志着国家层面的环境法律建设已正式起步。该时期国家的经济建设是以经济效益为中心的粗放式经济增长模式。在此期间，长江流域沿岸重工业、乡村工业以及农业实现了较快发展，同时给生态环境带来了严峻挑战。该阶段长江流域治理主要按照 1959 年发布的《长江流域综合治理规划要点报告》执行，在防旱防涝、防治水土流失、开发水力、改善水运条件等方面进行开发与治理。

(三) 长江流域环境保护区域分治体系的形成时期 (1992~2001 年)

20 世纪 90 年代中期，随着水污染恶化越来越严重，中国对流域水环境的管理愈发重视。从 1992 年开始，中国环境治理工作正式成为国家发展规划体系的一部分，并出台了一系列环保政策。在区域分治的情况下，长江流域逐渐形成了"谁污染、谁治理"的治理模式。该阶段中国对长江流域的保护得益于"九五"计划。第一，从治理和开发历程看，"控制转型、协调发展"是此阶段长江流域环境治理的主旨。为了更合理地开发和治理长江流域，长江委先后颁布了《长江干流中下游河道治理规划》《长江流域综合利用规划后评价报告》等行动规划。第二，在水利建设方面，该时期长江流域开展了多项大型水利枢纽工程。标志性工程是 1997 年的长江三峡工程所实现的大江截流，被称为是"人类利用和改造自然的壮举"。第三，针对长江上游的水土流失和中下游的重点河段防洪、排涝的治理，出台了多项水资源治理规划，如《水土流失防治费、水土保持设施补偿费征收使用管理办法》《长江干流九江—南京段水资源保护规划》等。这些治理政策的出台与实施，带动了长江流域开发与治理的迅速发展，标志着长江流域环保区域分治体系的形成（文传浩和林彩云，2021）。

（四）长江流域环境保护多元共治体系的完善时期（2002~2015 年）

在这一阶段，长江流域的治理一改往昔仅依靠行政力量的单线整治，而是运用行政、经济、法律、技术等多种方式综合解决治理问题，长江流域环保多元共治体系形成并逐渐走向完善。2008 年，中国成立了环境保护部，由此开启了对长江经济带生态环境的多元化预防整治。在此期间，为应对长江流域环境出现的新情况，国家以流域"水量—水质—水生态"为治理目标、以总量控制为治理原则出台的相关法规政策，更加注重整体性治理。第一，加强水污染防治。2007 的太湖"蓝藻事件"之后，国家发展改革委紧急组织太湖、巢湖、滇池污染防治座谈会，并颁布了相关污染防治方案，太湖流域各地方政府纷纷制定与之相匹配的制度，流域水环境向可持续方向发展。第二，强化了流域水质量监管力度，提升了水污染预警和水质量污染事件的应急处置能力。第三，在抗旱防洪方面，以三峡工程为代表的长江流域系列水利工程完工运行，这标志着中国长江流域防洪能力进一步提升。第四，在综合规划和开发原则方面，2010 年 2 月《长江流域综合规划》出台，标志着长江流域水资源与水环境综合规划进入新阶段。

（五）长江流域生态大保护战略全面推进时期（2016年以来）

2016年以来，国家对长江流域的高度重视以及政策层面的战略部署都对长江流域生态大保护提出了新的内涵和要求。习近平总书记在2016年提出要"共抓长江大保护"，并将其提到"压倒性的位置"。2018年，习近平总书记在推动长江经济带发展座谈会上指明"四个切实"的科学路径，明确了长江经济带发展的五大关系（谈国良和万军，2002），并提出需坚持新发展理念，加强改革创新、战略统筹、规划引导，正确把握五个重要关系，把长江经济带建设成为推动中国经济高质量发展的生力军。2020年，习近平总书记在南京召开的长江经济带发展座谈会上提出长江经济带"生态优先、绿色发展"的新战略。习近平总书记的三次重要指示一脉相承，具有高度的前瞻性和全局性，为长江流域生态大保护战略的贯彻落实指明了方向，长江流域生态大保护战略进入全面推进时期。

三、长江流域的开发治理的经验总结

（一）充分开发利用水能资源，促进水资源综合利用

长江流域水能资源丰富，充分利用其水能资源优势，因地制宜地发展水电，加快水电开发速度，减轻了煤炭生产和交通运输的压力，减少了环境污染。而且，流域内大多数水电建设尤其是大型水电工程，兼有防洪、航运、灌溉、供水等综合功能。位于长江上游干支流的金沙江、乌江等属峡谷河流，水能资源丰富，流域内人口密度较小，耕地分散，修建高坝水库能够充分开发水能，以满足流域内防洪与下中游地区防洪要求，并改善了航运条件；由于中、下游河段耕地比较多，在人口密度大的上游峡河段修建水库以满足灌溉和防洪要求，同时创造和改善了通航条件。目前，长江流域基本形成了以大中型骨干水库、引水、提水、调水工程为主体的水资源配置体系，供水安全保障程度全面提高，促进了水资源的充分利用。

（二）加强流域综合管理体系，创新流域治理新范式

长江流域的法治建设得到不断推进，依法治江的制度基础更加稳固。

第一，建立了完备的法律保障体系，第一部流域性法律《中华人民共和国长江保护法》的实施使得有关部门建立了长江流域经济管理联动机制，长江流域生态环境行政与刑事司法衔接机制得到了明确，流域管理与区域管理相结合的水资源管理体制逐步完善，水资源统一管理和调度水平不断提升。第二，确立完善的规划体系，以长江委"水利一张图"为有力支撑的信息化建设不断推进，水利规划体系不断完善，水行政审批制度改革不断深入，水行政执法监督逐步强化，涉水事务管理能力明显加强。第三，逐渐完善经济合作机制，长江经济带"1+3"省际协商合作机制正式建立，《关于支持和保障长三角地区更高质量一体化发展的决定》《关于建立长江上游地区省际协商合作机制的协议》等政策文件陆续出台（李忠等，2021），以实现长江流域的共建、共治、共享的生态治理新格局，实现了经济的持续健康发展。通过不断完善的法律法规以及经济合作机制，长江流域形成了一个综合的管理体系，形成了有法可依、有章可循的治理局面，有利于其生态环境和经济社会发展的融合推进。

（三）协作治理主体多元化，碎片化转向一体化治理

长江流域治理是以中央政府为主导，地方政府为主体，各类非政府组织和公民社会参与协作的治理主体多元化的治理模式。其"多层次现象"的治理模式可以从宏观、中观和微观三个层面进行区分。治理模式在宏观层面表现为：中央的派出机构负责管控；区域的水利部门负责组织、监督并指导流域派出机构的行动；长江流域的派出机构长江委则是负责流域治理方案的制订；各级政府负责监督环保部门；最低一级的环保部门负责直接治理方案的实施。在中观层面表现为：省一级牵头协调地方各级政府联合治理模式。在微观层面上表现为：城市政府主导下的层级（市、区、街、村等）考核模式，有非政府组织、公民等社会团体的参与（郑守仁，2004）。

长江流域是跨区域的大流域，因此其开发治理既需要多元化的参与来充分利用各种力量，也需要改变原有的碎片化治理方式，向一体化治理方式转变来实现流域整体的协调治理。虽然长江的统一管理机构——长江委是水利部派出的流域管理机构，但由于没有足够的职权对长江流域各省份

进行统一协调管理，因而不能实现综合一体化管理。但是长江"河长制"的出现打破了这一局面，纵向上采用党政负责制，通过行政上的上下级对接来完成纵向治理；横向上打破区域及部门间的管理壁垒，对各区域和部门进行协调和功能整合。在 2020 年出台的《中华人民共和国长江保护法》中，国家首先尝试以流域法的形式通过规定长江流域协调机制来进行长江流域一体化协调管理。

（四）推进"智慧长江"建设，赋能长江生态共治共享

共抓长江大保护，谋求长江经济带绿色发展，其难点在"共"字上，而破解这一难题，关键在于一个"统"字。要落实一个"统"字，则迫切需要加快推进利用物料网、大数据和云计算等新技术，建设"智慧长江"，打造长江利益共同体，实现长江大保护和长江经济带绿色发展（崔海灵，2019）。长江流域是个复杂系统。长江大保护关系众多省市的每个行业、每个企业、每个地区的整体利益。要解决长江经济带的高质量发展，解决经济带内发展不平衡、不充分的问题，需要借助"智慧长江"实现全时段、全流域、全生命周期的管控功能。"智慧长江"是数字长江的范式迭代。"智慧长江"指在升级、重构"数字长江"的基础上，充分运用大数据、物联网、云计算等新技术，以长江流域全数据采集和全流程数据传输体系为基础，以云环境为支撑，将以长江流域为载体的资源空间和法规政策、规划要求、要素开发和管理、装备以及产业在内的自然环境和人类生产活动进行信息和知识、流域管控和社会公共服务一网融合，推进长江资源和产业发展协同合作共赢、长江生态共治共享，为长江大保护和长江经济带绿色发展提供智慧服务（郑守仁，2004）。因此，"智慧长江"的建设基于"五规合一"顶层设计方法创新，即在《长江委智慧长江建设顶层设计（2022—2035 年）》下，结合《美丽长江战略管理规划》、《长江空间建设规划》、《长江生态大保护规划》、《长江经济带经济发展规划以及技术保障规划》"四规"协同考虑，以战略管理规划为基础、以长江经济带经济发展规划和生态保护为目标、以技术规划为保障，从空间上统筹布局，促进资源利用合理布局和充分利用，促进生态修复和保护，推进长江

公共服务均等化，形成"布局统一衔接，功能协同互补"的智慧长江信息化系统，赋能长江流域生态的共治共享。

第三节　黄河流域生态保护与高质量发展融合的经验借鉴

一、构建跨流域综合治理机构，创新政企协同治理模式

从国际经验来看，欧洲莱茵河的莱茵河保护国际委员会（ICPR）和美国的田纳西河流域管理局（TVA）作为流域开发治理与合作的专门机构，在某种程度上打破了原有政治和区域行政边界，协调了流域内各区域和国家进行协同合作，在对流域进行开发治理的过程中发挥着至关重要的作用。美国的 TVA 是联邦政府按照法案成立的国有企业，它既是政府机构，又是企业法人。因而，TVA 既可以按照现代政府体系运行，又可以追求市场经济利益。目前管理黄河流域的机构是黄河委员会，与 ICPR 和 TVA 相比，其缺乏全流域、全方位、多层次协同治理的实际权利，无法协调流域内各区域的利益冲突，无法承担黄河流域的统一管理职能。由于缺乏协同合作治理机制，黄河流域治理出现"碎片化"局面，各行政区域各自为政，上中下游间相关组织结构互相不协调，无法有效实施对流域的统一管理措施，严重阻碍了黄河流域治理成效（张贡生，2019）。

黄河流域可以建立生态安全跨区域协同治理的组织，平衡流域内各省份、上中下游利益冲突，加强合作的规范性，提升治理成效。综合借鉴国际经验来说，首先，要构建以黄河流域为中心的综合治理机构，打破以地理行政区域为边界的治理机构，统一流域内各区域的治理目标，凝聚流域内各区域的治理力量。其次，应该明确综合治理机构的职能分配和对各区

域流域治理部门的统筹安排，确保从决策制定到项目实施各个治理环节的顺利落实；可以借鉴美国田纳西河 TVA 经验，融合发展机构的政府职能和市场化模式，利用市场化的模式来拓宽融资渠道、提高治理效率，倒逼治理机构增长自身盈利能力和管理效率。

二、完善流域协同治理法规与规划，保障流域协同管理

结合国内外著名的大流域治理的经验来看，在形成统一的组织机构和多元治理体系后，要促进和保障跨区域的流域协同管理就必须有完善的战略规划和行动计划。莱茵河流域治理过程中制定了一系列行动规划，从《保护莱茵河伯尔尼公约》到《莱茵河 2000 年行动计划》，再到《莱茵河 2020 计划》，这些行动计划规划了莱茵河流域中长期的治理蓝图，很好地保障了治理路径的持续性、完整性和清晰性。田纳西河流域的治理制定了《田纳西河流域管理法案》，且法案会随着流域的发展不断进行修改、补充和完善。长江流域自第一部流域性法律《中华人民共和国长江保护法》出台以来，相继出台制定了一系列的水利规划法案，水利规划体系不断完善。而黄河流域治理开发并没有统一的法规制度，仅仅依靠分散的规章制度和地方性法规难以保障流域协同管理。然而，黄河流域途径省区众多，自然禀赋和生态环境分布复杂且特殊，而当前的法规、制度等难以协调流域内各区域、各部门、各主体间的利益冲突。

为了更好地保障黄河流域协同开发管理，首先应健全国家层面的立法，对全流域层面的综合性法律"立规矩"就显得尤为重要，通过建立健全治理法规，来解决当前黄河流域内的各行政区各自为政、难以有效管理的问题。应依据黄河流域的特殊性、复杂性问题实施有针对性的举措，统一流域内生态环境保护规范，从而为黄河的综合治理提供法律保障。其次，为了更好地引导黄河流域治理行动的开展，应该依据黄河流域当前的发展和治理状态来制定目标明确和内容清晰的黄河流域合作治理规划，同时引入一套完整的激励制度，把与黄河流域高质量发展相关的绩效指标纳入政府政绩考核体系并加以监督，杜绝一些仅仅为了满足政绩的无效治理

行为。最后，注重黄河流域治理规划的系统性与连续性，结合黄河流域各阶段的实际治理情况，将治理规划与区域发展规划统一起来，统筹考虑已制定的规划，更要适时、适度更新与加强，明确规划目标，将行动方案细化，要紧抓科学性这一原则，将科学治理作为贯穿整个治理过程的宗旨与纲领。

三、构造跨流域产业经济带，推动形成绿色低碳产业链

黄河流域各地区产业关联性弱，流域分工体系不明，尚未形成有竞争力的产业经济带。除受黄河流域所处地理位置的自然条件限制外，更深层的限制是黄河流域经济的发展仍然深受"行政区经济"的困扰。我国的行政区之间有严格的自上而下的级别隶属关系，且同级别行政区之间竞争关系和分割现象明显，这些都造成了经济资源在黄河流域之间的均衡配置困难，因而使得黄河流域产业关联性较弱，流域内产业开放度低、产业分工协作差、产业结构同质性强等现象。

世界上繁荣的大河流域多突破了国家边界，各种资源禀赋在流域内进行跨区域配置。因此，黄河流域作为中国的第一大河，横跨多个省市，应实现跨行政边界区域的产业协同，在流域内建立相互促进的流域经济格局，使流域经济向高质量发展方向靠拢。应根据各地区差异化的产业基础和发展需求，加以政策引导和赋予相应的激励机制，使得流域内各地区的产业发展差异化和错位化。此外，在产业结构方面，要落实异地发展思路，通过异地建设产业园区实现对欠发达地区的生态补偿，使外部补偿转化为欠发达地区的产业自生能力。要加强流域内的供给侧结构性改革，淘汰取缔落后产业，改造提升传统产业，优先扶持生态产业，增加有效产业供给，减少低效产业供给（郭晗和任保平，2020）。要在流域内构造多中心、网络式的产业体系，使流域内各地区能形成支柱和特色产业，形成相应的产业集群，打造层次分明，功能互补的流域经济带。

四、加强流域精细化管理，实现全流域全要素系统治理

对比黄河流域的水治理现状和欧美成功的跨界河流治理实践看，黄河

在流域精细化管理方面存在较大差距。黄河流域相关法律法规的精细化程度有待提高。例如,《中华人民共和国水污染防治法》强调要在全国范围推动四级河长制的实行,但对河长的法律地位、权利边界、职务序列归属等没有清晰规定,导致出现河长"有责无权""有名无实""光杆司令"等尴尬局面(王红艳,2022)。虽然我国有意开发精细化治理平台和工具,但是目前做的工作远远不够。进入互联网时代以来,越来越多的地方政府意识到"互联网+"在流域治理方面的好处。但是,黄河流域的大数据覆盖面广、纵向深度大,从数据的管理上说,亟待进行数据融合,消除数据孤岛,实现数据共享,提高数据的利用率(王永桂等,2018)。

流域的精细化管理需要以精细化的管理理念为指导,明晰管理指标、差异化量化管理目标、确定管理对象,开展有针对性的流域环境管理工作。而要实现流域的精细化管理必须依赖数据及其准确的水环境精细化分析工具。首先,应该利用好我国不断开展的生态环境大数据建设,结合自动化监测设备、遥感监测设备以及人工监测相结合组成的环境大数据监测物联网,为黄河流域的管理构建一系列丰富多样的数据体系;其次,建立统一数据标准、开放数据网络的智慧水务和智慧环保系统。要充分利用好大数据分析技术、人工智能技术、环境数值模拟技术以及网络信息化技术,实现流域精细化管理的信息化、网络化和智能化,这是黄河流域精细化管理的核心要义。

五、提升企业和公众参与度,打造多元主体流域联治新格局

从莱茵河、田纳西河等世界大河流域的治理经验来看,企业、公民和社会组织等非政府力量和组织分别通过多种形式积极参与到流域的开发治理过程中,深入到跨流域治理机构的组建、治理相关公约及协议的制定、治理过程的监督等各个方面,在流域的开发治理过程中扮演了重要角色,形成了政府、企业、社会组织和民众共同参与的多元主体治理格局,这成为这些流域治理成功的重要保障。但是,目前黄河流域的开发治理中,企业、社会机构以及社会公众力量等存在明显缺位。首先,这些非政府组织

的力量较弱，他们干预流域治理、监督的力量还相对较弱；其次，这些社会力量缺乏有效的参与流域开发和治理的渠道；最后，虽然有些地方政府积极打造"互联网+"等信息平台以鼓励公众参与治水，但是这种新模式由于信息公开程度不高、专业壁垒存在、监管投诉程序复杂等对普通民众不友好的因素存在，导致了公众参与成本过高，参与热情不高。

黄河流域要提升社会成员参与度，构建多元流域联治新格局，就要从多个方面来保障、引导、助力公众参与。一是完善细则制度，黄河流域应该积极采取措施来鼓励非政府组织参与流域的开发治理，构建流域治理共同体。要建立、健全公众参与黄河开发流域治理的相关制度，制定完善相关法律法规，保障社会力量参与开发治理的权利，对参与开发治理的程序、方法和途径做详细的规划制定。二是确保公众信息获取渠道畅通，保证公民的监督权，要建立和完善黄河流域开发治理的信息公开发布机制，整合现有的流域合作管理机制并建立相应的开发交流平台，让公众能够及时、便利地获取流域管理的政策法规以及水文、生态和环境监测报告等公开信息，保障民众的监督权。三是培育流域融合发展中有影响力的组织，充分发挥这些非营利性公益组织的影响力和作用力，助力多元联治新格局的建立。四是加强企业的环保自律意识，使企业间形成环保互促的局面，对流域内的企业而言，不仅需要增强环保意识，还需要加快改进生产技术，促进企业进行绿色、环保、清洁化生产。此外，还应形成相应的企业联盟来相互监督，共同促进企业高质量发展。五是宣传引导公众参与流域融合发展工作，提高公众的自觉性，要加强宣传和舆论引导力度，树立深入人心的环保意识，增强民众对促进黄河流域生态保护与高质量发展的责任感和参与感，营造浓厚良好的社会氛围。

总的来说，要打造多元流域联治新格局最关键的是要理顺、明确各社会主体间的责任边界，构建高效的协调合作机制，形成多股社会力量共治局面，建立黄河流域的多元主体治理格局，打造流域治理共同体（黄燕芬，2020）。

本章小结

通过分析欧洲莱茵河、美国田纳西河和中国长江流域的基本情况，并梳理其开发治理的基本历程与历史成就，分析了这三大流域开发治理的成功经验，为黄河流域生态保护与高质量发展融合提供了参考。结合黄河流域自身开发治理的现状与困境，总结了黄河流域生态保护与高质量发展融合可以借鉴的经验：一是构建跨流域综合治理机构，创新政企联合共商共建治理模式；二是完善流域协同治理法规与规划，促进和保障流域协同管理；三是构造跨流域产业经济带，推动形成绿色低碳产业链；四是加强流域精细化管理，实现全流域全要素系统治理；五是鼓励企业和公众参与，打造多元流域联治新格局。这些基于国内外大河流域开发管理的经验借鉴能够为黄河流域的融合发展提供破解思路和路径探索，助力黄河流域实现生态保护与高质量发展融合。

第十章

黄河流域生态保护和高质量发展融合的顶层设计

　　黄河流域生态保护与高质量发展融合是国家的战略选择，顺应了时代发展背景，具有深远的现实意义。经过国家、政府和社会等多方主体的共同努力，黄河流域生态保护已取得较优的成果，防洪减灾体系不断完善、生态修复工程成效显著、流域内环境条件明显改善。然而，我们必须清楚地认识到黄河流域的生态保护与高质量发展虽有较大的发展，但都面临一定的挑战和发展瓶颈，流域生态保护与高质量发展融合也存在着区域间协同机制缺失、法律机制不完善等不容忽视的现实问题。因此，为了更好地推动流域的融合发展，本书在深入分析支撑融合发展的理论和作用机制的基础上，科学测度黄河流域生态保护和高质量发展的融合水平，找出现阶段流域内的融合问题，并积极借鉴国内外生态保护与高质量发展的经验，从黄河流域的自身特点和现实发展需要出发，积极探索促进融合发展的破解思路。加强顶层设计、对黄河流域生态保护与高质量发展融合开展整体性、系统性的规划，对明确"如何实现融合"的重点任务、提出促进融合发展的机制保障具有十分重要的现实意义。

第一节　黄河流域生态保护和高质量发展融合的发展机遇

一、奋力全面推动高质量发展

黄河流域各省份铆足劲搞发展，取得了丰硕的成果。根据国家统计局的数据，2021年，山东全年国内生产总值遥遥领先于黄河流域其他省区，总值超过8万亿元。河南和四川位居第二、第三名。值得一提的是，陕西、山西和内蒙古均突破2万亿元，表现突出。此外，超过国内生产总值增速的省份有山东、四川和山西。这意味着高质量发展战略为黄河流域提供了切切实实的破局之道。

党的十八大以来，党中央深刻认识到当前经济发展仍存在着不平衡、不协调、不可持续，科技创新能力不强，产业结构不合理，资源环境约束加剧等问题，提出要深入贯彻落实科学发展观，加快转变经济发展方式，把推动发展的立足点转到提高质量和效益上来，推动经济持续健康发展。随着新时代的到来，党的十九大则首次提出"高质量发展"重要战略，明确了中国经济已由高速增长阶段转向高质量发展阶段，正处在转变发展方式、优化经济结构、转换增长动力的攻关期。2020年，《中共中央关于制定国民经济和社会发展第十四个五年规划和二〇三五年远景目标的建议》出台，再次强调"十四五"时期要推动高质量发展。2020年党的二十大报告将"高质量发展"定性为全面建设社会主义现代化国家的首要任务。种种政策和表述表明，在中国社会主要矛盾变化的背景下，高质量发展遵循了经济发展规律，是保持经济持续健康发展、全面建成小康社会和全面建成社会主义现代化国家的必然要求。

在党中央的带领下,全党全国各族人民贯彻新发展理念,着力推进高质量发展,为经济提质增效奠定基调。而在全面建设社会主义现代化国家开局起步的关键时期,扩大内需、深化供给侧结构性改革、改善营商环境、绿色发展等一系列高质量发展举措将为夺取全面建设社会主义现代化国家新胜利提供助益。习近平总书记在黄河流域生态保护和高质量发展座谈会上还强调,黄河流域生态保护和高质量发展是重大国家战略。由青川甘经济区、黄河几字湾经济区、鲁豫经济区三大经济区组成的黄河流域高质量发展经济带作为继粤港澳大湾区、长江经济带、京津冀经济圈的又一个经济增长极,对中国的经济发展乃至中华民族的伟大复兴都有至关重要的意义。

2020年以来,各地经济受到了严重冲击,全球化进程也被迫放缓。宏观经济供需失衡、跨国交易困难、市场预期不确定性等问题让第三产业遭受到短期的重大打击。2023年,被压抑的需求迸发出巨大活力、规模优势、深度融入"一带一路"建设等都是沿黄九省不可多得的高质量发展机遇(成卓和金铁鹰,2023)。

二、加快推进绿色高效能治理

自改革开放以来,中国经济发展蓬勃发展。2003~2011年,中国经济高速增长,经济增长率常年保持在10%以上。2011年以后,经济增长率虽在逐渐变缓,但每年仍维持在6%左右,处于中高速发展。但是这些举世瞩目的成绩背后是长期以牺牲生态环境为代价的粗放式经济发展,各种污染问题逐渐突显,资源短缺问题不容忽视,尤其是2019年中国二氧化碳排放量占据了全国总量的27%。人类生活环境受到创伤,经济发展不可持续,这些都制约了中国经济高质量发展。

绿色发展是构建高质量现代化经济体系的必然要求,是解决污染问题的根本之策。党的十八大报告中提到,要把生态文明建设放在突出地位,融入经济建设、政治建设、文化建设、社会建设各方面和全过程,努力建设美丽中国,实现中华民族永续发展。这番强调表明,生态保护和经济发展之间此消彼长的关系将会不断改善，经济、生态和社会效益也会在可持续发展的作用下达到统一。党的二十大报告中，习近平总书记强调"尊重自然、顺应自然、保护自然，是全面建设社会主义现代化国家的内在要求"。促进人与自然如何和谐相处，让黄河长久造福中华民族既是无数国人的愿景，更是关系国家发展的伟业。因此，中国经济要从高速增长转向高质量发展并实现质的改变和飞跃，必须走绿色、可持续发展的道路。保护生态环境也得到了国际共识。"一带一路"倡议中的绿色发展理念以及绿色基建、绿色能源、绿色交通、绿色金融等一系列举措，得到了沿线国家的支持和配合。中外清洁能源合作项目也顺利完成了绿色转型，开创了中国能源合作的新格局（庞昌伟，2022）。

《黄河流域生态保护和高质量发展规划纲要》指出，黄河一直"体弱多病"，生态本底差，水资源十分短缺，水土流失严重，资源环境承载能力弱。水资源短缺、生态脆弱、洪水威胁等生态问题是黄河流域亟待解决的。此外，黄河流域生态环境的全面改善、生态系统健康稳定和水资源节约集约利用水平的打造对中国构建良好的生态屏障大有益处。党的二十大报告中也对黄河流域生态保护和高质量发展做出了指示。《黄河流域生态保护和高质量发展规划纲要》、《黄河流域生态保护规划》等顶层设计的相继出台、"双碳目标"的落实、新发展理念的贯彻等，无一不印证了黄河流域生态保护作为国家重大战略的重要性，更点明了黄河流域生态保护是一次难得的发展机遇。

第二节　黄河流域生态保护和高质量发展融合的破解思路

黄河流域生态保护与高质量发展融合的破解思路需要围绕"如何融

合"这一核心问题，从总体目标、理念引领、发展动力、重点突破、全面实施及制度保障六个层面提出破解黄河流域生态保护和高质量发展融合困境的思路（见图 10-1）。

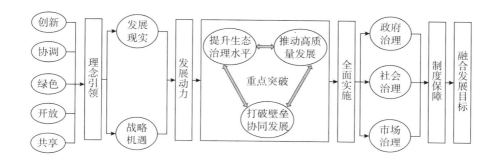

图 10-1　黄河流域生态保护和高质量发展融合困境的破解思路

一、以融合发展为总体目标

自黄河流域生态保护与高质量发展战略提出以来，为了更好地实现战略目标，融合发展成为实施国家战略的新导向。生态保护与高质量发展相辅相成，是紧密联系的两个方面，黄河流域的生态保护是高质量发展的基础和前提，经济高质量发展是目的，而流域经济高质量发展也能加强生态保护建设。推动黄河流域生态环境保护和流域高质量发展相融合，是在新发展背景下国家立足于发展大局对黄河流域的可持续发展实行的新举措。

二、以五大理念为理念引领

五大发展理念是融合发展实践行动的理念引领，为黄河流域的高质量发展指明了前进方向，是黄河流域经济发展必须长期坚持的重要原则，也是实现流域高质量发展必须综合考虑的维度。习近平总书记重点强调了黄河流域高质量发展以生态保护优先，在此基础上追求黄河流域的发展质量。因此，牢牢把握五大发展理念的深刻内涵，结合黄河流域在生态保护和经济高质量发展方面的特色，明确构建融合发展体系的指导思想。必须把五大理念贯穿黄河流域生态保护和高质量发展融合的方方面面，以创新推动产业结构优化与升级、以协调环缓解流域发展差异、以绿色构建生态屏障、以开放促进流域间交流与合作、以共享提升人民幸福感。

三、以战略机遇为发展动力

2019 年 9 月，习近平总书记在黄河流域生态保护和高质量发展座谈会上，明确将黄河流域生态保护和高质量发展上升为国家重要战略，黄河流域的生态保护得到了前所未有的重视，与此同时，还强调了将生态保护与高质量发展相结合的重要性。重视生态保护是落实高质量发展的关键举措，推动生态保护与高质量发展相融合是进一步促进黄河流域高质量发展的新思路，也是国家重视生态治理和环境保护的重要体现。囿于当前黄河流域的生态脆弱、水资源不足、环境污染问题频发、环境承载力不足等现状，亟须探索出一条既能保护流域生态环境，又能推动流域高质量发展之路，而融合发展恰恰能够满足这一要求。因此，黄河流域应该加快融入以国内大循环为主体、国内国际双循环相互促进的新发展格局，牢牢抓住黄河流域生态保护和高质量发展重大国家战略机遇，重点提升二者的融合水平，让黄河流域真正成为一条"生态之河"、"民生之河"、"活力之河"和"人文之河"。

四、以三大任务为重点突破

黄河流域的生态保护与高质量发展相融合需要重点突破三大任务：提升流域生态环境治理水平、以五大理念为指引推动流域高质量发展以及打破壁垒实现流域协同发展。为了保护流域生态环境，一方面要加强环保制度建设，另一方面要节约集约用水，重视水资源管理，还需要协同多方主体完善生态环境监控体系。同时，黄河流域融合发展也离不开高质量发展的正向作用，围绕"创新、协调、绿色、开放、共享"的新发展理念，聚焦于产业结构升级、流域发展不平衡问题、探索绿色发展模式、区域合作与共赢、满足人民多元化需求等五大领域，着力促进流域高质量发展（何欣等，2021）。此外，黄河流域的融合发展在很大程度上受到流域不同省区之间行政壁垒的限制，为了推动流域融合发展，实现分工合作与相互协作，构建流域协同治理的新发展格局，需要从资源协同、绿色联治、产业联动、创新协同和协同共赢等方面进行努力。因此，解决黄河流域融合发展的瓶颈问题是流域融合发展破解思路的重点任务。

五、以多元参与为全面实施

黄河流域生态保护与高质量发展的融合需要多方主体的共同参与，政府统筹流域全局，规划部署，保证融合治理有序进行和融合发展的最终目标的实现；社会响应政府政策主张，积极履行自身职责，确保公众有效参与、积极配合和大力支持；市场优化配置资源，调节经济活动。完善多主体参与的现代化治理体系，一是政府作为治理体系的主导者，充分发挥政府职能，基于流域共同利益建立区域协调机制，促进区域的协调合作，维护市场秩序、弥补市场失灵；二是社会组织和企业加强与生态保护部门之间的交流合作，构建"共建、共治、共享"的社会协同治理体系；三是完善市场机制，要着眼于增强各类市场主体活力，着力提升要素市场化配置效率，确保各类主体准入通畅，彻底改善营商环境，加快深化产权制度和社会信用制度改革，推动市场监管现代化（刘泉红，2020）。同时明确产权所有制，加强产权激励，加强基础设施建设，优化市场环境。

六、以四层机制为制度保障

推动黄河流域的生态保护与高质量发展融合是一个复杂性、系统性的过程，机制保障是实现黄河流域生态保护与高质量融合发展的关键。建立完备的制度体系能有效连接政府、社会和市场三方主体，营造三元共治的治理格局，既能对融合发展进行必要的推动和激励，也可以利用其特有的规制功能加强流域融合发展的监督和追责。同时，创新保障机制也在流域融合发展中发挥着不可或缺的作用。具体而言，首先是政府需加强对流域的融合治理。政府在融合治理中起主导作用，为切实履行政府职责，政府在治理过程中一是需要加强流域环境的协调治理（李媛和任保平，2022）；二是依据利益协调机制，完善地方政府间的财政合作与生态补偿机制；三是利用绩效评估机制加强对地区政府融合治理水平的量化和监督。其次是社会融合治理。社会是流域融合治理中的活跃力量，为了确保公众参与的有效性，一是通过加强法制工作建设，明确社会力量参与的法律地位与权利，确保参与治理的透明度、公正性和广泛性。二是搭建公众参与平台，保障群众在社会融合治理中的主体地位；三是完善信息共享机制，提高信息利用效率。再次是市场融合治理。市场在融合治理中起到优化资源配置、促进要素流动的作用，重点关注市场制度建设、基础设施建设和监管体系建设等方面。最后是创新体制保障机制，创新保障机制为流域的融合治理提供科技支持和人才储备，通过创新驱动激励机制能够保障流域创新活动的有序进行。

第三节　黄河流域生态保护与高质量发展融合的重点任务

　　党中央将黄河流域生态保护与高质量发展上升到国家战略，这说明流域生态保护与高质量发展是密不可分的，"两手都要抓，两手都要硬"，需要统筹兼顾，推动二者的融合发展。当前，黄河流域生态保护取得阶段性成就，流域经济高质量发展前景大好，重点任务在于如何实现生态保护与高质量发展的融合。首先，需要思考流域生态保护成果如何更上一台阶，流域经济高质量发展如何进一步提高。在此基础上，只有当两者均充分发展到较高水平，具备生态保护与高质量发展融合的牢固基础时，才能够更好地实现二者的融合发展。因此，本节从加强黄河流域生态保护、提升黄河流域高质量发展、推动黄河流域生态保护与高质量发展相融合三个方面展开。

一、重视流域生态保护，提升环境治理水平

经过数十年生态治理的努力，黄河流域生态环境已经取得了明显的治理成效，但纵观整体，流域生态保护工作依旧有较大的提升空间，尤其是在环保制度建设、流域水资源治理以及生态环境监控方面亟须改善。

（一）坚持生态优先原则，加强环保制度建设

生态保护归根结底需要环保制度的保障。加强环保制度建设，有利于提高生态保护的治理成效。以保护流域生态环境为第一准则，完善黄河流域生态保护的规章制度，为进一步提高流域的生态治理水平提供有力的制度支撑。此外，仍需要考虑由于流域不同、区域间发展水平的差异及生态功能定位的不同，因地制宜地制定黄河流域相关环保制度。因此，一是提高流域的环保标准，严格执行环境准入制度，从源头上杜绝不符合环保要求的项目，缓解流域环境污染问题。二是积极落实黄河流域现有的环保制度，积极开展黄河立法研究，尤其是对于一些立法缺失的领域，如生态保护与经济发展的矛盾问题、碳排放交易问题等，应该广泛开展调研活动，结合生态保护制度的大方针，适当地完善和明确地方性规章制度的形式。三是营造"有法可依，违法必究"的制度环境，除完善环保制度外，还需要加大执法力度，严格追究违法主体的责任，充分保障环保制度的落实。

（二）聚焦水资源大治理，保障流域生态安全

黄河流域的水资源问题长久地制约着流域经济发展和生态安全，要牢牢把握资源环境承载力的最低底线，关注流域水资源问题，以水资源为刚性约束，节约用水，开展系统性综合治理。因此，一是关注流域水资源供需矛盾问题，提高流域水资源利用效率，贯彻节约用水理念，政府应该鼓励和引导流域上下游地区改变农业灌溉和发展模式，调整用水结构，严格控制不合理的用水需求，缓解上下游地区的水资源矛盾（薛澜等，2020）。二是重新计划流域水资源分配问题，由于流域不同省区之间城镇化发展水

平和经济发展的差异，不同省区的用水情况也不尽相同，因而需要重新统筹考虑，加强流域用水调度和用水管理，解决流域水资源缺乏的难题。三是关注流域水污染问题，提高污染物排放标准，加强污水处理工程建设和污染物清洁排放工程建设，加强水资源修复工作，切实保障流域生态安全（王东，2018）。

（三）完善生态环境监控，提高协同治理水平

生态环境监控需要多方主体的参与，通过多主体协同治理以达到保护生态环境的目标。生态保护协同治理是时代发展的需要，要提高生态保护水平，就要实施全流域统筹兼顾，建立完备的监控体系，实行协同治理。一是基于流域生态整体性和区域生态服务功能定位的不同，划定生态保护红线，建立生态保护红线监管平台，定期开展生态环境的核查。二是全面贯彻环境污染防治，降低环境风险，加强流域内不同区域的协同配合，联合防控污染治理，加强流域内不同区域、不同部门之间的监管与应急协调联动机制建设，提升共同监管能力和应急救援能力，在面临自然灾害和环境风险时能够及时有效地应对和处理，维护黄河流域地生态安全。三是构建社会监督机制，加强信息沟通和共享机制建设，搭建社会公众能够便捷地参与流域生态保护的信息平台，对政府行为和企业活动进行实时监督。

二、践行五大发展理念，共促流域高质量发展

高质量发展是一个系统而全面的概念，衡量高质量发展水平大多基于"创新、协调、绿色、开放、共享"五大新发展理念。因此，五大新发展理念将引领推动黄河流域高质量发展的各个方面。

（一）以创新促发展，推动产业结构优化升级

创新是引领新时代经济高质量发展的关键动力，是推动黄河流域高质量发展的迫切需要。顺应国家创新驱动高质量发展的要求，积极推动产业结构升级和调整能够有效优化经济结构，是实现生态环境保护与流域高质量发展的重要举措。推进科技创新不仅可以促进黄河流域高质量发展，同时还为流域生态保护和环境治理提供技术支撑。近年来，黄河流域经济增

长趋于平缓，产业结构不协调、创新驱动水平低下等问题都在一定程度上阻碍了流域高质量发展的进程。因此，企业要抢占科技创新发展的先机，主动开展科技创新活动，优化产业结构，建立绿色产业、循环发展型产业，提升企业自身的核心竞争力，使绿色企业发展焕发活力；政府应该重视创新发展，加大创新研发力度，增加高水平的研发平台，实现创新资源的共享，提升黄河流域整体的创新能力，为流域产业升级转型提供科技支撑，创新优化传统的产业结构，也能够提高生产效率，节约生产成本。

（二）以协调促发展，缓解流域发展不平衡

协调发展需要统筹兼顾，重视整体性和多元化，产业结构和区域的协调发展在进一步推动黄河流域高质量发展的过程中起着重要作用。协调发展是黄河流域高质量发展的短板，流域产业结构层次低、区域经济发展不平衡都在一定程度上阻碍了流域高质量发展的进一步提升。因此，为了解决流域发展不协调的问题，首先要综合考虑，立足黄河流域全局，必须清醒地意识到黄河流域上游、中游、下游由于经济发展水平和自然禀赋等因素的限制导致的高质量发展水平的不平衡现状（任保平，2022）。在提升流域高质量发展的过程中，各省区要根据区域发展的现实情况发挥区域发展长处和竞争优势，探索符合自身发展的切实可行的发展道路。其次要充分兼顾沿黄各省区的利益，只有这样才能更好地调动各省区协调发展的积极性，促进流域内的要素资源的流动，优化资源配置，真正意义上实现要素的协同共享。

（三）以绿色促发展，探索绿色发展新模式

绿色发展是高质量发展的鲜明底色，推动黄河流域经济高质量发展，就要坚定不移地走以生态优先、绿色发展的道路，协调人与自然的关系，绝不能以牺牲环境为代价换取一时的经济增长。应结合流域的实际情况，不同地区应利用流域自身的绿色发展优势，探索绿色发展模式，科学规划、统筹布局，以绿色发展理念为指引，积极推进以绿色生产为核心的发展模式是实现黄河流域生态保护与高质量发展的重要策略。一方面是改变流域内传统高能耗产业的生产经营模式，加快流域绿色创新活动的开展，依托技术升级实现绿色化的生产道路，降低传统产业对于流域内资源的过分开发和环境的污染；另一方面是落实流域内绿色化发展政策，以流域经济高质量为主要目标，以保护生态环境为底线，优先支持低能耗、绿色可持续发展的经济产业。同时还要利用绿色金融政策的引导作用，鼓励资金流向绿色产业和有利于生态保护的重点产业，最终实现将绿色发展作为进一步推动黄河流域高质量发展的重要动力。

（四）以开放促发展，实现区域合作与共赢

开放发展是推动黄河流域高质量发展的必经之路。为了进一步推动黄河流域的高质量发展，需要加强区域之间的交流和合作，实现区域的互惠共赢。一是以黄河文化为载体，发挥黄河流域文化软实力的优势，加强黄河流域与其他地区在科学技术、文旅等方面的交流和融合。在文化交流的过程中，实现人才、技术等生产要素的自由流动，利用激励性政策吸引人才和科技要素流入黄河流域，推动黄河流域的高质量发展。二是在提升自身发展质量的同时，流域各省区应发挥自身区位优势，积极融入"一带一路"倡议的建设，深化与沿线地区和国家的国际合作，鼓励引进来与走出去的有机结合，学习先进地区的开放经验，优化营商环境，扩大国际市场，为流域高质量发展带来更多的发展机遇。

（五）以共享促发展，满足人民多元化需求

共享发展既是高质量发展的根本目的，也是高质量发展的出发点和落脚点。在推动高质量发展的进程中，人民群众对美好生活的追求不再仅仅局限于衣食住行等物质层面，根据马斯洛需求层次理论，当低水平的需求得以满足时，便会追求更高层次的满足。随着黄河流域经济发展水平的提高，人们的关注重点和需求逐渐转移到生态环境、精神文化、基础设施等方面，这就要求黄河流域各省区相关部门深入人民群众，了解他们的多样化需求，并采取针对性的措施来满足人民群众的诉求。因此，一是黄河流域生态环境的共享。黄河流域生态环境保护的理念应该深入每个人的心中，无论是政府制定经济发展政策，还是企业的生产经营，抑或是人民日常生活的各个方面，都应该严格遵守流域生态保护的规章政策，实现流域绿色生态的共建共享。二是黄河流域精神文化的共享。流域拥有悠久的历史文化，黄河文化光辉璀璨，可以通过积极地将黄河文化与旅游业的结合，发挥流域文化特色，开创一条新的经济发展道路，同时也实现了流域文化的共享繁荣。三是黄河流域基础设施的共享。以人民为中心，不断完善流域在医疗保障、文化教育、道路交通以及信息技术等基础设施的建设，改善人民生活，缩小流域内人民生活的差异，实现流域基础设施的共享。

三、打破壁垒共享共治，协同联动共促融合

黄河流域生态保护与高质量发展相融合的重点在于打破流域不同省区之间的发展壁垒，实现分工合作、资源流动、信息共享，构建流域协同治理的新发展格局。因此，融合发展的重点任务将从资源协同、绿色联治、产业联动、创新协同和协同共赢等方面展开。

（一）以资源统筹为准则，构建联智治理机制

由于地理位置、资源禀赋、经济发展水平和历史文化等因素的差异，黄河流域不同区域的生态保护建设与高质量发展水平也存在着较大的差异。因此，只有充分调动资源，实现资源的有效流动，优化资源配置，才能更好地实现资源协调共享，提高流域政府协同治理能力，进而深入推动流域生态保护与高质量发展的融合。一是借助大数据建立流域资源信息共享平台，各级政府要积极主动地分享地区经济高质量发展的经验，使得其他地区能够在此基础上取长补短，因地制宜地发展自身经济，缩小流域经济发展差异。二是建立创新资源共享机制，黄河流域不同区域之间通过创新资源共享机制能够实现高科技人才之间的交流学习、创新技术信息的交换共享，有效实现人才、创新技术和发展经验的最大化利用，促进流域不同地区之间的相互学习。三是建立资源取用奖惩机制，黄河流域的水资源缺乏，中游地区煤炭资源储备丰富但资源利用效率低下，导致了严重的资源浪费现象。通过建立资源取用的奖惩机制，一方面能够鼓励和督促高能耗产业的升级优化，另一方面能够突出资源节约型企业的发展优势，有利

于流域资源的可持续发展。

（二）以绿色联治为基础，筑牢绿色生态屏障

绿色联治是黄河流域生态保护与高质量发展融合的重要手段，流域不同区域需要坚持绿色发展，协同治理，携手共建绿色生态屏障。一是贯彻落实绿色发展理念，加强对生态优先、保护环境理念的宣传力度，不断提高流域各主体的环保意识，使绿色发展的理念深入人心，推动流域绿色发展，实现黄河流域绿色生态的共建共享。二是倡导绿色生活方式，加强流域生态文明建设，坚持以绿色生活理念为指引，倡导居民绿色出行、绿色消费，鼓励居民在日常生活中以实际行动为绿色发展做出贡献。三是加快绿色产业发展进程，传统企业应该积极探索新的绿色发展之路，建立流域绿色生态产业园，打造流域内绿色产业发展的新优势，大力发展绿色经济，提高产业科技创新水平，促进流域传统产业的转型升级，同时能够利用信息技术促使产业向智能型产业发展，推动流域产业的可持续发展。四是加大对流域内生态环境问题的责任追究和惩处力度，对违反流域生态保护法律法规的主体要加大处罚力度，并对其进行严格的思想教育，督促责任主体的改正。同时要对责任主体进行后续的跟踪和定期复查；对遵守黄河流域生态保护法律的主体，应该给予一定的资金奖励，以期提高黄河流域环境保护的积极性，推动黄河流域生态保护战略的实现。

（三）以产业联动为手段，协同聚力共促融合

产业是经济发展的基础，也是促进黄河流域生态保护与高质量发展相融合的关键领域。产业协同发展是涉及企业、产业以及地理空间区域的协同（王兴明，2013），而黄河流域的产业协同发展要求流域内各省区充分发挥自身优势，强化流域资源要素的有效流动，优化资源配置，创新产业布局和分工，追求黄河流域产业发展的效益最大化。在促进产业发展协同方面，一是流域内各省区应该基于流域传统产业原本具有的优势和发展基础，通过创新发展和升级改造，促使传统产业减能耗、提效率和绿色化生产，使得传统产业能够更好地符合流域融合发展的要求，打造绿色产业链。二是通过改造和提升传统产业能够延长流域产业链和提升产业价值，

根据经济发展水平和资源优势重新规划流域产业布局，实现经济、社会和生态效益的和谐统一。三是发展战略性新兴产业，建立新兴产业基地。依托黄河"几字形"大湾区资源富集的优势，建立新能源、智能电网、新能源汽车等战略性新兴产业基地，大力发展太阳能、生物质能和风能，建设中国新能源发展试验区。四是以黄河文化产业为桥梁，深入挖掘黄河文化、黄土地文化和草原文化的时代价值，结合黄河流域的旅游资源优势，实现文化产业与旅游产业的灵活联动，同时借助现代化数字技术积极宣传黄河文化，更好地发挥黄河文化产业的经济价值，建设好中华民族主源文化名区。

（四）以创新协同为动力，构筑"创新共同体"

创新不仅能够为黄河流域生态保护提高科技支撑，还能够为流域高质量培育壮大新动能。因此，创新协同也能在黄河流域生态保护与高质量发展融合的过程中做出重要贡献。一是在产业创新协同方面，坚持新发展理念，全面实施创新驱动发展战略，围绕产业链部署创新链，围绕创新链布局产业链，推动产业链与创新链深度融合，协同推进"双链"融合，为融合发展提供坚强的科技保障。二是在生态创新协同方面，政府主要发挥环境规制和科技创新政策和资金支持的作用。黄河流域各级政府应该大力落实国家在流域实行的创新孵化政策，鼓励和支持黄河流域不同区域积极开发绿色生态产业，推动绿色清洁产业的发展，以科技创新改善生态环境效益。三是在市场创新协同方面，市场是配置资源最有效的手段，市场为创新产品提供成果转化的环境，而市场机制可以明确流域资源的产权所属问题，应该建立资源市场化机制，促进黄河流域实现互利共赢，推动流域生态环境和科技创新的协同发展。

（五）以协同共赢为目标，全面共享发展成果

协同共赢是黄河流域的生态保护与高质量融合发展的目标，协调区域发展，促进区域合作共赢，使得流域不同区域都能享受融合发展的成果和利益。因此，一是推进区域协调管理，流域不同省区要坚持生态保护与高质量发展相融合的思想，建立高效的合作机制，加强协同治理的整体意

识，实现流域不同省区之间的协同发展。二是要建立跨区域利益共享机制，协同推进流域生态保护与高质量发展，就要发挥各区域的比较优势，以协同共赢为治理目标，立足于流域全局，考虑地区发展特点和差异，协调好局部与整体的关系，统筹合作，建立一套能够符合各地区经济利益的利益共享机制，以期达到优势互补，合作共赢（刘若江等，2022）。

第四节　黄河流域生态保护和高质量发展融合的机制保障

制度为黄河流域的生态治理保驾护航，为黄河流域的高质量发展提供强有力支撑，是促进流域生态保护与高质量发展有效融合的根本保障。强化促进融合发展的制度建设，健全实现流域融合发展的长效机制是从法律层面保障黄河流域的长治久安，进一步推动黄河流域生态保护与高质量融合发展战略的实施。以下将从政府融合治理机制、社会融合治理机制、市场融合治理机制和创新体制保障机制四个方面展开。

一、政府融合治理机制

政府是流域生态保护与高质量发展融合过程中的主导者，在融合治理中发挥着重要作用。因此，要以流域融合发展为目标，不断完善治理机制体系，充分履行黄河流域协调合作和监督的职责，更好地形成黄河流域政府融合治理的系统机制。

（一）构建流域环境治理协作机制

推进流域环境治理协作机制建设是实现黄河流域生态保护和高质量发展融合的有效途径。首先，健全黄河流域生态保护的监管体系。流域内各级政府应该加强联合执法，推动信息共享平台的建立，切实做到黄河流域生态保护监管无盲区；同时，加强司法协作，积极发挥生态保护过程中的检察职能，完善流域内司法部门协同治理机制，实现全流域生态环境的法律监管与司法保护的协调统一。其次，严格制定流域产业和环境准入标准。根据国家环境污染准入要求，高标准规定产业准入的底线，明确污染物排放主体的相关责任，规定流域内污染排放和治理的统一标准，避免生态治理和主体追责过程中的纠缠和推脱，实现流域生态保护的共同治理。最后，政府通过制定生态补偿相关的法律法规，形成对黄河流域生态补偿机制的法律约束（王德凡，2017）。

（二）完善跨流域的利益协调机制

利益协调是高效推动黄河流域地方政府融合治理的重点，需要统筹兼顾流域不同地区，打造黄河流域政府融合治理的利益共同体。一方面，完善流域地方政府间财政合作机制。为加大黄河流域生态保护的资金支持投入力度，各级政府应该深入讨论建立黄河流域生态环境保护的资金链体系，为流域生态保护提供专项财政支持。同时建立黄河流域各省区间的多元化财政转移支付体系，明确省级政府和地方政府之间的权责义务，优化利益分配和补偿机制。另一方面，建立多元性的生态补偿机制，政府单方面主导的补偿模式缺乏市场机制的作用，不能充分调动市场主体的积极性，不适应当下高质量发展的要求（吴平，2017）。因此，黄河流域应改变传统的依赖政府补偿的单一模式，基于黄河流域不同区域的发展特点和补偿需求，构建市场补偿为主体、社会补偿为辅助的生态补偿体系。此外，应注重流域不同主体、不同部门之间的协调配合，促进黄河流域多元主体协同参与生态治理，通过协同共治以满足不同利益主体的诉求。

（三）制定流域协同绩效评估机制

绩效评估机制不仅能够客观衡量流域地方政府融合治理的水平，而且能够反馈政府融合治理时存在的问题。因此，科学合理的绩效评估机制一方面可以对政府治理起到正向的促进作用，另一方面可以在一定程度上预防地方政府在黄河流域生态保护与高质量发展融合治理中的责任不清和逃脱权责问题。流域目前实行的绩效评估体系主要关注地区生产总值、地方财政收入、工业增加值等经济指标，往往忽略对生态环境、人民生活、基础保障等生态环境与社会民生方面的考量，无法准确地评估地区生态保护状况和高质量发展水平。因此，建立完善流域协同绩效评估制度，在黄河流域政府融合治理过程中积极学习国内外地方政府绩效考核评估机制的经验，建立黄河流域统筹协调、全面高效的协同治理制度，不仅能够评估黄河流域不同地区的经济发展水平，而且能够考察地方政府在本地区流域生态环境治理方面的绩效。同时结合地方激励约束政策，对绩效评估得分高的地区给予奖励，而对绩效评估得分低的地区给予惩处和责任追究，提高地方政府协同治理的积极性和责任心。

二、社会融合治理机制

治理现代化是实现黄河流域生态保护与高质量发展融合的重要内容。党的十九届四中全会提出"推进国家治理体系和治理能力现代化"的战略部署，为黄河流域生态保护和高质量发展融合提供了新的思路。

（一）全面加强完善法治工作建设

黄河流域各级政府依据国家现已出台的现有法律制度，结合黄河流域的自身特点和实际情况，因地制宜地制定保障生态红线的地方性法规，筑牢流域生态保护和治理的底线，对违反生态红线的行为加大惩处力度。在制定体制机制时，发挥融合发展理念的长处，立足整体，根据黄河流域发展的特点，使得政府与市场、经济发展与环境保护相适应，因地制宜地调整各地区的产业结构以实现优势互补、合作共赢。黄河流域生态保护和高质量发展融合需要法律机制的引导和推动，不仅要坚持立法、执法和司法机制的系统完善，还要坚持黄河流域生态系统内执法与司法保护间的协作管理的制度完善（廖建凯和杜群，2021）。

（二）搭建流域公众参与治理平台

为适应黄河流域生态保护与高质量发展融合的需要，加强政府、社会、公众等流域治理主体之间的协调配合，离不开公众参与社会融合治理的工作。因此，运用互联网技术搭建黄河流域的基层公众参与平台，通过线下反馈与线上信息的结合增加群众参与社会融合治理的渠道和机会，为群众参与社会治理提供有利条件，充分调动群众参与的积极性和主动性，营造社会融合治理的良好氛围。在制度制定的过程中，政府要广泛听取群众的建议，确保社会治理中群众的主体地位。此外，流域群众参与社会治理不仅能保障制度的民主化和合理性，而且能对政策实施进行有效的监督，促使政策的实施更加透明化。

（三）完善流域信息交流共享机制

黄河流域的社会融合治理需要加强区域协作和信息共享，提高信息利用效率和社会治理能力。首先，黄河流域需要不断完善流域的信息交流和共享机制，及时向人民群众宣传生态保护与高质量发展的相关政策，确保群众了解流域发展的方针政策，积极履行自身义务。其次，利用现代化的科学技术建立跨地区、跨部门的信息交流平台和信息共享平台，流域不同地区要及时公布相关信息，并确保信息的客观性、准确性，使流域不同区域之间加强关于生态保护、水资源利用、水污染治理和洪涝灾害等方面的信息交流，实现流域信息的有效共享；同时，依托水利部黄河水利委员会印发的《数字孪生黄河建设规划（2022—2025）》，信息共享机制的建立要加强预防和及时处理突发事件的机制，加强流域不同部门之间的协作配合，加快构建具有预报、预警、预演、预案功能的数字孪生黄河，为黄河流域"2+N"水利智能业务应用提供数字化场景和智慧化模拟支撑①。

三、市场融合治理机制

黄河流域的市场机制能够打破要素壁垒，促进要素资源的有效流动，形成不受区域限制的市场体系，同时要注重加强市场监管机制建设，提升监管水平，发挥市场机制对流域融合发展的推动作用。

（一）强化流域市场制度机制建设

市场制度是市场机制高效运转的根本保障，是市场融合治理的重要内

---

① 水利部黄河水利委员会．再建一条"黄河"！规划出了！［EB/OL］．黄河经济网，ht-tp：//hhjjd.cn/news_detail/41289518.html，2022-05-09/2022-08-17.

容。因此，一是要重点关注黄河流域的水资源产权交易，通过法律法规明确流域水资源的使用权、交易权，健全产权保护制度。二是合理放权给企业，探索政企联合发展的新思路。流域政府应该科学地、有规划地将资源开发和经营权赋予当地企业，鼓励他们在生产经营过程中注重生态保护的同时，也能合理利用资源优势发展新产业，更好地提升资源的利用效率。三是重视对流域知识产权的保护，激发创新热情。不断完善知识产权制度有利于鼓励创新活动的开展，维护创造者的劳动成果和合法权益，营造良好的创新成果保护环境，推动流域高效、活力融合发展。

（二）完善流域市场基础设施建设

市场基础设施是市场运作的最基本条件，是市场融合治理的重要支撑。一方面，黄河流域需要加大对基础设施建设的投资力度，协调好政府与市场的关系，引导市场和社会资本在流域市场基础设施建设中有效发挥作用，建设现代化新型的基础设施，持续加强流域在交通网络建设、信息技术应用、移动通信等领域的投资，打造畅通无阻的流通平台。另一方面，鼓励平台经济的发展，利用大数据平台提高流域在生态保护、医疗保障、物流流通等方面的信息整合，结合线上和线下信息，发挥互联网的优势，实现市场数据信息的共建共享，同时也要加强对平台企业的监督和管理。

（三）全面加强市场监管机制建设

市场监管是市场融合治理的重点，加强对市场机制的监督、保障市场监督机制运行的公开性和透明化是黄河流域生态保护和高质量发展综合的重要机制保障。因此，一方面要健全流域市场诚信监管机制，在企业的绿色生产、依法纳税、资源利用、金融借贷等方面着力实施诚信监管机制，对企业的生产经营活动进行量化评级，根据企业不同的信用评级执行有针对性的监管措施。另一方面要建立地方监督机构的综合考核和监督机制，在加强对监管机构监督的同时，政府需要丰富监督机制运行的手段，对监管中出现的问题也要严格执行责任追究机制，警惕监督权力的滥用。各级政府需要不断完善对监督机构的约束政策和考评机制。另外，也要积极发挥流域群众和社会舆论的监督作用，建立健全群众信息反馈机制。正是市场诚信监管机制、地方综合考核和监督机制以及公众参与监督反馈机制的共同作用，构建了全流域市场监管机制。

四、创新体制保障机制

全球处于创新活跃期，科技和产业不断革新，创新驱动既是促进经济发展提质增效的有效手段，也是推动流域生态保护与高质量发展相融合的根本动力。黄河流域的创新体制能够保障科技人才发展、完善创新驱动体系以及改善创新的激励体系，也能够鼓励创新主体积极营造良好的创新环境，为融合发展提供重要的政策支持，在促进黄河流域生态保护与高质量发展融合方面发挥着举足轻重的作用。

（一）创新科技人才培养发展机制

人力资本是创新驱动发展过程中的重要驱动因素。创新驱动黄河流域高质量发展最终还需要落在创新人才队伍的建设上，如何培养、引进和留住更多优秀的科研人才是黄河流域高质量发展实现路径上必须考虑的问题。创新人才对黄河流域高质量发展具有内生性促进作用。一方面，针对科技人才的特殊性，企事业单位和政府应该为科技人才的进一步创新发展提供多样性的激励政策和措施，激励其创新实践活动的顺利开展。另一方面，提高黄河流域各省区的科技奖励和薪酬待遇，为高科技人才提供高质量生活的物质保障；同时为科技创新人才提供专业的硬件设施，在科研项目的审批、资金拨款、人才配置等方面给予适当倾斜，为科技人才的创新发展营造良好的环境。因此，制定有效的科技人才发展机制能够为黄河流域的创新驱动提供强大的人力资本驱动力。

（二）完善多元联动创新驱动体系

促进生态保护与高质量发展相融合离不开政府、产业和企业三大主体的作用。首先，调节好中央政府和黄河流域内九省区各地方政府的关系，中央政府应激励黄河流域内九省区各地方政府，因地制宜地制定流域内的创新机制和激励政策，同时转换各级政府在创新中的角色，以建立创新驱动体系机制作为契机，充分调动市场主体、创新要素参与黄河流域国家创新体系建设和制度创新，做好对企业组织、科研机构和高等院校的创新扶持和激励工作。其次，激发黄河流域九省区企业的创新活力，充分调动企业创新积极性，发挥其作为创新活动的主体地位的优势，强化黄河流域科技孵化器的市场导向模式，深化黄河流域产学研合作与成果创新，优化黄河流域科技成果转化转移机制。最后，发挥市场协同的作用，调动流域科技要素全流域流动，促使全流域科技创新活动的开展。市场协同能够有效破除要素流动壁垒，把处于分割状态的政区经济聚合成为开放型的区域经济，形成大规模的市场优势，实现资源在整个市场范围内的最优配置（钞小静和周文慧，2020）。

（三）改进创新驱动持续激励机制

创新激励可持续机制主要为了实现创新者合理收益，激励其持续创新。由于创新活动存在较大的风险性和不确定性，一旦创新失败可能会为创新者造成无法挽回的巨大损失，因此建立激励和保护创新主体持续进行创新活动的机制是十分关键的。一是建立健全流域知识产权保障机制，由于创新成果和知识产权的侵权成本较低，存在着较大的被侵害风险，因而需要通过法制保障加强对知识产权的保护力度，提高对侵权行为的处罚力度，切实保障创新者合法权益。二是激发黄河流域保护企业家精神，企业家精神是创新与创业的不竭动力。流域内各级政府应加强对高科技创新项目与企业的帮扶，进一步营造依法保护企业家合法权益的法制环境，建立统一的企业维权服务平台，建立企业合法权益受损补偿机制，营造尊重和激励企业家进行创新活动的社会氛围，让企业家精神逐步融入流域的创新环境。

本章小结

推动黄河流域生态保护与高质量发展融合是基于国家战略和现实发

展、是顺应经济发展潮流的选择，促进融合发展需要明确"如何融合"这一问题，带着这个问题去思索融合困境的破解思路。在明确破解思路后，从重视流域生态保护和环境治理水平提升、以五大发展理念引领共促流域高质量发展以及加强流域间联动协同治理这三大融合发展的重点任务出发，进一步提升流域生态治理水平和高质量发展水平，全面提升二者融合发展水平。同时提出政府、社会和市场融合治理机制为黄河流域生态保护和高质量融合发展保驾护航，创新体制保障机制为融合发展提供人才培养和创新激励保障，多维共促黄河流域生态保护和高质量发展融合。这对因地制宜地解决当前黄河流域高质量发展中的发展不平衡、不充分等问题具有一定实践价值，对建立富有流域特色的现代化环境治理体系、促进区域经济高质量、协调发展具有重要借鉴意义。

参考文献

［1］田宗伟，李鑫业．龙羊峡水电站 水光互补新典范［J］．中国三峡，2021（11）：4，84-93．

［2］郜国明，田世民，曹永涛，等．黄河流域生态保护问题与对策探讨［J］．人民黄河，2020，42（09）：112-116．

［3］张慧，刘秋菊，史淑娟．黄河流域农业水资源利用效率综合评估研究［J］．气象与环境科学，2015，38（02）：72-76．

［4］汝绪华．全面推动黄河流域生态保护和高质量发展［J］．山东干部函授大学学报（理论学习），2021（11）：4-8．

［5］王金南．黄河流域生态保护和高质量发展战略思考［J］．环境保护，2020，48（Z1）：18-21．

［6］万金红．黄河流域水利遗产保护传承利用实施途径［C］．中国水利学会2020学术年会论文集第五分册，2020：108-116．

［7］任保平．黄河流域生态环境保护与高质量发展的耦合协调［J］．人民论坛·学术前沿，2022（06）：91-96．

［8］任保平．黄河流域高质量发展的特殊性及其模式选择［J］．人文杂志，2020（01）：1-4．

［9］黄承梁．推动黄河流域生态保护和高质量发展［J］．红旗文稿，2022（08）：15-17．

［10］郝宪印，袁红英．黄河流域蓝皮书：黄河流域生态环境保护与高质量发展报告（2021）［M］．北京：社会科学文献出版社，2021．

［11］石碧华．黄河流域高质量发展的时代内涵和实现路径［J］．理论视野，2020（09）：61-66.

［12］薛明月．黄河流域经济发展与生态环境耦合协调的时空格局研究［J］．世界地理研究，2022，31（06）：1261-1272.

［13］李强．产业升级与生态环境优化耦合度评价及影响因素研究——来自长江经济带108个城市的例证［J］．现代经济探讨，2017（10）：71-78.

［14］石涛．黄河流域生态保护与经济高质量发展耦合协调度及空间网络效应［J］．区域经济评论，2020（03）：25-34.

［15］辛韵．黄河流域生态环境保护与高质量发展的耦合协调性研究［D］．南昌：江西财经大学，2021.

［16］韩广轩，杨红生，邹涛，等．黄河三角洲湿地急需保护与修复［N］．中国海洋报，2019-12-26（2）.

［17］耿思敏，严登华，罗先香，等．变化环境下黄河中下游洪涝灾害发展新趋势［J］．水土保持通报，2012，32（03）：188-191，244.

［18］郭晗，任保平．黄河流域高质量发展的空间治理：机理诠释与现实策略［J］．改革，2020（04）：74-85.

［19］张金良．全面提升黄河流域大保护和大治理能力［EB/OL］．光明网，https：//m. g mw. cn/baijia/2021-11/02/35279096. html，2021-11-02/2022-06-30.

［20］Barro R J. Quality and Quantity of Economic Growth［R］. Central Bank of Chile，2002：3-5.

［21］Mlachila M，Tapsoba R，Tapsoba S J A. A Quality of Growth Index for Developing Countries：A Proposal［R］. Social Indicators Research，2016. Accessed at<https：//doi. org/10. 1007/s11205-016-1439-6>. Accessed on January 2nd，2019.

［22］周振华．经济高质量发展的新型结构［J］．上海经济研究，2018（09）：31-34.

［23］任保平．新时代中国经济增长的新变化及其转向高质量发展的路径［J］．社会科学辑刊，2018，238（05）：35-43．

［24］张军扩，侯永志，刘培林，等．高质量发展的目标要求和战略路径［J］．管理世界，2019，35（07）：1-7．

［25］郑玉歆．全要素生产率的再认识——用 TFP 分析经济增长质量存在的若干局限［J］．数量经济技术经济研究，2007，24（09）：3-11．

［26］赵可，张炳信，张安录．经济增长质量影响城市用地扩张的机理与实证［J］．中国人口·资源与环境，2014，24（10）：76-84．

［27］贺晓宇，沈坤荣．现代化经济体系、全要素生产率与高质量发展［J］．上海经济研究，2018（06）：25-34．

［28］刘思明，张世瑾，朱惠东．国家创新驱动力测度及其经济高质量发展效应研究［J］．数量经济技术经济研究，2019（04）：3-23．

［29］徐现祥，李书娟，王贤彬，等．中国经济增长目标的选择：以高质量发展终结"崩溃论"［J］．世界经济，2018，41（10）：5-27．

［30］肖周燕．中国高质量发展的动因分析——基于经济和社会发展视角［J］．软科学，2019，33（04）：1-5．

［31］聂长飞，简新华．中国高质量发展的测度及省际现状的分析比较［J］．数量经济技术经济研究，2020，37（02）：26-47．

［32］Mei L，Chen Z. The Convergence Analysis of Regional Growth Differences in China：The Perspective of the Quality of Economic Growth ［J］. Journal of Service Science and Management，2016，9（06）：453-476．

［33］茹少峰，魏博阳，刘家旗．以效率变革为核心的我国经济高质量发展的实现路径［J］．陕西师范大学学报（哲学社会科学版），2018，47（03）：114-125．

［34］刘华军，李超．中国绿色全要素生产率的地区差距及其结构分解［J］．上海经济研究，2018（06）：35-47．

［35］黄庆华，时培豪，胡江峰．产业集聚与经济高质量发展：长江经济带107个地级市例证［J］．改革，2020（01）：23-24．

［36］卞元超，吴利华，白俊红．市场分割与经济高质量发展：基于绿色增长的视角［J］．环境经济研究，2019，4（07）：96-114.

［37］张月友，董启昌，倪敏．服务业发展与"结构性"减速辨析——兼论建设高质量发展的现代化经济体系［J］．经济学动态，2018（02）：23-35.

［38］刘建翠，郑世林．中国城市生产率变化和经济增长源泉：2001～2014年［J］．城市与环境研究，2017（03）：16-36.

［39］刘华军，彭莹，裴延峰，等．全要素生产率是否已经成为中国地区经济差距的决定力量？［J］．财经研究，2018，44（06）：50-63.

［40］程虹．如何衡量高质量发展［N］．第一财经日报，2018-03-14（A11）：1.

［41］李金昌，史龙梅，徐蔼婷．高质量发展评价指标体系探讨［J］．统计研究，2019，36（01）：4-14.

［42］詹新宇，崔培培．中国省际经济增长质量的测度与评价——基于"五大发展理念"的实证分析［J］．财政研究，2016（08）：40-53.

［43］张冰瑶．创新型城市对经济高质量发展的影响研究［D］．西安：西北大学，2019.

［44］师博，张冰瑶．全国地级以上城市经济高质量发展测度与分析［J］．社会科学研究，2019，242（03）：19-27.

［45］任保平，文丰安．新时代中国高质量发展的判断标准、决定因素与实现途径［J］．改革，2018（04）：7-9.

［46］钟太刚．资源型城市经济高质量发展评价与路径研究［D］．成都：四川省社会科学院，2019.

［47］安淑新．促进经济高质量发展的路径研究：一个文献综述［J］．当代经济管理，2018（40）：1-10.

［48］师博，任保平．中国省际经济高质量发展的测度与分析［J］．经济问题，2018（04）：1-6.

［49］吴传清，邓明亮．科技创新、对外开放与长江经济带高质量发

展［J］. 科技进步与对策，2019，36（03）：33-41.

［50］李莉，姜阅. 京津冀三地创新与经济高质量发展的耦合协同度差异［J］. 现代营销（下旬刊），2019（01）：128-129.

［51］王振华，孙学涛，李萌萌，等. 中国县域经济的高质量发展——基于结构红利视角［J］. 软科学，2019，33（08）：68-72.

［52］杨新洪. "五大发展理念"统计评价指标体系构建——以深圳市为例［J］. 调研世界，2017（07）：3-7.

［53］黄庆华，时培豪，刘晗. 区域经济高质量发展测度研究：重庆例证［J］. 重庆社会科学，2019（09）：82-92.

［54］张文会，乔宝华. 构建我国制造业高质量发展指标体系的几点思考［J］. 工业经济论坛，2018，5（04）：27-32.

［55］邓琰如，秦广科. 生产性服务业集聚，空间溢出效应对经济高质量发展的影响［J］. 商业经济研究，2020（03）：161-164.

［56］马昱，邱菀华，王昕宇. 高技术产业集聚，技术创新对经济高质量发展效应研究——基于面板平滑转换回归模型［J］. 工业技术经济，2020，39（02）：13-20.

［57］黄速建，肖红军，王欣. 论国有企业高质量发展［J］. 中国工业经济，2018（10）：19-41.

［58］侯艺. 供给侧结构性改革与经济高质量发展理论研究综述［J］. 公共财政研究，2018（03）：88-96.

［59］张贡生. 黄河流域生态保护和高质量发展：内涵与路径［J］. 哈尔滨工业大学学报（社会科学版），2020，22（05）：119-128.

［60］安树伟，李瑞鹏. 黄河流域高质量发展的内涵与推进方略［J］. 改革，2020（01）：76-86.

［61］张瑞，王格宜，孙夏令. 财政分权，产业结构与黄河流域高质量发展［J］. 经济问题，2020（09）：1-11.

［62］张金良. 黄河流域生态保护和高质量发展水战略思考［J］. 人民黄河，2020，42（04）：1-6.

［63］樊杰，王亚飞，王怡轩．基于地理单元的区域高质量发展研究——兼论黄河流域同长江流域发展的条件差异及重点［J］．经济地理，2020（01）：1-11．

［64］卢硕，张文忠，李佳洺．资源禀赋视角下环境规制对黄河流域资源型城市产业转型的影响［J］．中国科学院院刊，2020，35（01）：73-85．

［65］王金南．协同推进黄河流域生态保护和高质量发展［J］．科技导报，2020，38（17）：6-7．

［66］任保平，豆渊博．碳中和目标下黄河流域产业结构调整的制约因素及其路径［J］．内蒙古社会科学，2022，43（01）：121-127．

［67］安树伟，张晋晋．都市圈带动黄河流域高质量发展研究［J］．人文杂志，2021（04）：22-31．

［68］张可云，王洋志，孙鹏，等．西部地区南北经济分化的演化过程、成因与影响因素［J］．经济学家，2021（03）：52-62．

［69］金碚．关于"高质量发展"的经济学研究［J］．中国工业经济，2018（04）：5-18．

［70］任保平，李禹墨．新时代我国高质量发展评判体系的构建及其转型路径［J］．陕西师范大学学报（哲学社会科学版），2018，47（03）：105-113．

［71］孟祥兰，邢茂源．供给侧改革背景下湖北高质量发展综合评价研究——基于加权因子分析法的实证研究［J］．数理统计与管理，2019（04）：675-687．

［72］Barnett J H, Morse C. Scarcity and Economic Growth：The Economics of Natural Resource Availability［M］．Baltimore：Johns Hopkins University，1963．

［73］Paglin M. Malthus and Lauderdale：The Anti-Ricardian Tradition［M］．New York：Augustus M. Kelley，1961：45-46．

［74］Daly H E. Steady-State Economics［M］．San Francisco：

Freeman，1977.

［75］蔡宁，郭斌．从环境资源稀缺性到可持续发展：西方环境经济理论的发展变迁［J］．经济科学，1996（06）：59-66.

［76］Rosenberg N. Innovative Responses to Materials Shortages［J］. American Economic Review，1973（13）：116.

［77］罗慧，霍有光，胡彦华，等．可持续发展理论综述［J］．西北农林科技大学学报（社会科学版），2004（01）：35-38.

［78］解保军．马克思自然观的生态哲学意蕴——"红"与"绿"结合的理论先声［M］．哈尔滨：黑龙江人民出版社，2002：162.

［79］李富军．马克思的生态观发展轨迹初探［J］．河南社会科学，2004（03）：14-18.

［80］王宏岩．马克思主义新自然观初探［J］．锦州医学院学报（社会科学版），2004（03）：28-31.

［81］杜秀娟．马克思主义生态哲学思想历史发展研究［M］．北京：北京师范大学出版社，2011：19.

［82］董强．马克思主义生态观研究［D］．武汉：华中师范大学，2013.

［83］Rachel Carson. 寂静的春天［M］．吕瑞兰，李长生，译．上海：上海译文出版社，2011.

［84］Boulding K E. The Economics of the Coming Spaceship Earth［M］. In H. Jarrett（ed.）．Environmental Quality in a Growing Economy，1966：3-14.

［85］莱斯特·布朗．建设一个持续发展的社会［T］．祝友三，等，译．北京：科学技术文献出版社，1984.

［86］李晓灿．可持续发展理论概述与其主要流派［J］．环境与发展，2018，30（06）：221-222.

［87］赵士洞，王礼茂．可持续发展的概念和内涵［J］．自然资源学报，1996（03）：288-292.

［88］李强．可持续发展概念的演变及其内涵［J］．生态经济，2011（07）：87-90.

［89］汪希．中国特色社会主义生态文明建设的实践研究［D］．成都：电子科技大学，2016.

［90］高栋．论社会主义生态文明及其实现［D］．武汉：武汉理工大学，2009.

［91］王国聘．生态文明建设及其路径选择［J］．南京林业大学学报（人文社会科学版），2008（02）：6-12.

［92］黄斌．马克思主义生态自然观的当代价值［J］．理论探索，2010（01）：31-34.

［93］卢黎歌，李小京．我国生态文明理论创新过程与主要观点［J］．中国高等教育，2013，499（07）：20-22.

［94］肖文华．中国特色社会主义生态文明建设历程研究［D］．北京：北京工业大学，2012.

［95］朱英明．以经济高质量发展助推美丽中国建设——学习贯彻习近平新时代中国特色社会主义经济思想和生态文明思想［J］．贵州省党校学报，2019（03）：40-44.

［96］Kuznets S. Economic Growth and Income Inequality［J］. American Economic Review，1955，45（01）：1-28.

［97］Grossman G M，Krueger A B. Environmental Impacts of a North American Free Trade Agreement［C］. National Bureau of Economic Research Working Paper Series，1991（3914）：1-57.

［98］Panayotou T. Empirical Tests and Policy Analysis of Environmental Degradation at Different Stages of Economic Development［C］. Working Paper WP238，Technology and Employment Programme，International Labor Office，Geneva，1993：1-23.

［99］Arrow K，Bolin B，Costanza R，et al. Economic Growth，Carrying Capacity，and the Environment［J］. Environment and Development Economics，1996，1（01）：104-110.

［100］Selden T M，Song D. Environmental Quality and Development：Is There a Kuznets Curve for Air Pollution Emissions？［J］. Journal of Environmental Economics and Management，1994，27（02）：0-162.

［101］陈雯. 环境库兹涅茨曲线的再思考——兼论中国经济发展过程中的环境问题［J］. 中国经济问题，2005（05）：44-51.

［102］于峰. 环境库兹涅茨曲线研究回顾与评析［J］. 经济问题探索，2006（08）：4-10.

［103］Brock W A，Taylor M S. Economic Growth and the Environment：A Review of Theory and Empirics［R］. NBER Working Paper No. 10854，2004.

［104］钟子倩. 生态与经济融合共生的动力机制构建研究［D］. 南昌：江西师范大学，2016.

［105］Corning P A. The Synergism Hypothesis［M］. McGraw - Hill，1983.

［106］Lowe E A. Creating by-Product Resource Exchanges：Strategies for Eco-Industrial Parks［J］. Journal of Cleaner Production，1997，5（01）：57-65.

［107］袁纯清. 共生理论——兼论小型经济［M］. 北京：经济科学出版社，1998.

［108］袁纯清. 共生理论及其对小型经济的应用研究（上）［J］. 改革，1998a（02）：100-104.

［109］袁纯清. 共生理论及其对小型经济的应用研究（下）［J］. 改革，1998b（03）：75-85.

［110］苏静，胡宗义，唐李伟. 我国能源—经济—环境（3E）系统协调度的地理空间分布与动态演进［J］. 经济地理，2013，33（09）：21-26，32.

［111］姚茜，景玥. 习近平擘画"绿水青山就是金山银山"：划定生态红线推动绿色发展［EB/OL］. http：//cpc. people. com. cn/n1/2017/

0605/c164113-29316687. htm，2017-06-05/2020-02-14.

［112］陈光炬. 把握和践行绿水青山就是金山银山理念［EB/OL］. 光明日报 . http：//theory. people. com. cn/n1/2018/0910/c40531-30282382. html，2018-09-10/2020-02-10.

［113］Grossman G，Krueger A. Economic Growth and the Environment ［J］. Quarterly Journal of Economics，1995（112）：353-377.

［114］包群，彭水军. 经济增长与环境污染：基于面板数据的联立方程估计［J］. 世界经济，2006（11）：48-58.

［115］Bruyn S M D，Heintz R J. The Environmental Kuznets Curve Hypothesis ［M］. Handbook of Environmental Economics. Blackwell Publishing Co.，Oxford，1998.

［116］李达，林龙圳，林震，等. 黄河流域生态保护和高质量发展的 EKC 检验［J］. 生态学报，2021，41（10）：3965-3974.

［117］张晓. 中国环境政策的总体评价［J］. 中国社会科学，1999（03）：88-99.

［118］吴玉萍，董锁成，宋键峰. 北京市经济增长与环境污染水平计量模型研究［J］. 地理研究，2002（03）：239-245.

［119］岳利萍，白永秀. 区域经济增长与环境质量演进关系模型研究——基于环境库茨涅茨曲线［J］. 南京理工大学学报（社会科学版），2006，19（04）：41-46.

［120］许广月，宋德勇. 中国碳排放环境库兹涅茨曲线的实证研究——基于省域面板数据［J］. 中国工业经济，2010（05）：37-47.

［121］王良健，邹雯，黄莹，等. 东部地区环境库茨涅茨曲线的实证研究［J］. 海南大学学报（人文社会科学版），2009（02）：57-62.

［122］曹光辉，汪锋，张宗益，等. 我国经济增长与环境污染关系研究［J］. 中国人口·资源与环境，2006，16（01）：25-29.

［123］何枫，马栋栋，祝丽云. 中国雾霾污染的环境库兹涅茨曲线研究——基于 2001-2012 年中国 30 个省市面板数据的分析［J］. 软科学，

2016（04）：37-40.

［124］Becker R A. Intergenerational Equity：The Capital Environment Trade-Off ［J］. Journal of Environmental Economics and Management，1982，9（02）：162-185.

［125］Chichilnisky G. Global Environment and North South Trade ［J］. American Economic Review，1994，84（04）：851-874.

［126］Bovenberg A L，Smulders S A. Environmental Quality and Pollution Augmenting Technological Change in a Two-Sector Endogenous Growth Model ［J］. Journal of Public Economics，1995（57）：369-391.

［127］Grimaud A，Rouge L. Pollution Non-Renewable Resources，Innovation and Growth：Welfare and Environmental Policy ［J］. Resource and Energy Economics，2005，27（02）：109-129.

［128］彭水军，包群. 环境污染、内生增长与经济可持续发展 ［J］. 数量经济技术经济研究，2006（09）：114-126，140.

［129］王兵，刘光天. 节能减排与中国绿色经济增长——基于全要素生产率的视角 ［J］. 中国工业经济，2015（05）：57-69.

［130］黄庆华，时培豪，胡江峰. 产业集聚与经济高质量发展：长江经济带107个地级市例证 ［J］. 改革，2020，311（01）：87-99.

［131］谭会萍，田森. 环境与贸易：可持续发展中的博弈与融合 ［J］. 经济问题探索，2005（08）：98-100.

［132］马沛. 信息系统带动环境保护与经济发展的高度融合 ［J］. 科技浪潮，2010（06）：19-20.

［133］鲁乐，狄瑞芬，周琳，等. 正确处理环境与经济的关系实现环境与经济的高度融合 ［J］. 环境与发展，2011，23（03）：7-8.

［134］张平淡，牛海鹏，徐毅. 向环境保护和经济发展的相互融合大步迈进 ［J］. 环境保护，2012（04）：36-37.

［135］王育宝，陆扬，王玮华. 经济高质量发展与生态环境保护协调耦合研究新进展 ［J］. 北京工业大学学报（社会科学版），2019，19

（05）：84-94.

［136］任保平，豆渊博．黄河流域生态保护和高质量发展研究综述［J］．人民黄河，2021，43（10）：30-34.

［137］柯健，李超．基于DEA聚类分析的中国各地区资源、环境与经济协调发展研究［J］．中国软科学，2005（02）：144-148.

［138］徐婕，张丽珩，吴季松．我国各地区资源、环境、经济协调发展评价——基于交叉效率和二维综合评价的实证研究［J］．科学学研究，2007（S2）：282-287.

［139］魏伟，石培基，魏晓旭，周俊菊，颉斌斌．中国陆地经济与生态环境协调发展的空间演变［J］．生态学报，2018，38（08）：2636-2648.

［140］陈祖海．环境与经济协调发展的再认识［J］．地域研究与开发，2004（04）：21-24.

［141］李崇阳．试论经济增长与环境质量变和博弈［J］．福建论坛（经济社会版），2002（02）：38-40.

［142］彭博，方虹，李静，等．中国区域经济—社会—环境的耦合协调度发展研究［J］．生态经济，2017，33（10）：43-47，75.

［143］盖美，聂晨，柯丽娜．环渤海地区经济—资源—环境系统承载力及协调发展［J］．经济地理，2018（07）：163-172.

［144］宋红丽，薛惠锋，张哲，李献峰．经济—环境系统影响因子耦合度分析［J］．河北工业大学学报，2008（03）：84-89.

［145］滕海洋，于金方．山东省经济与生态环境协调发展评价研究［J］．资源开发与市场，2008（12）：1085-1086，1148.

［146］江红莉，何建敏．区域经济与生态环境系统动态耦合协调发展研究——基于江苏省的数据［J］．软科学，2010，24（03）：63-68.

［147］张富刚，刘彦随，王介勇．沿海快速发展地区区域系统耦合状态分析——以海南省为例［J］．资源科学，2007（01）：16-20.

［148］陈东，李琳，王良健．湖南经济增长与环境质量演进实证研究

［J］. 湖南经济管理干部学院学报，2004（04）：13-14.

　　［149］韩瑞玲，佟连军，佟伟铭，等. 沈阳经济区经济与环境系统动态耦合协调演化［J］. 应用生态学报，2011，22（10）：2673-2680.

　　［150］崔盼盼，赵媛，夏四友，等. 黄河流域生态环境与高质量发展测度及时空耦合特征［J］. 经济地理，2020，40（05）：49-57，80.

　　［151］夏光. 继续推进环境保护与经济发展的相互融合［J］. 环境保护，2012（06）：33-34.

　　［152］刘鸿亮，曹凤中，徐云，等. 新常态下亟需树立经济发展与环境保护"共生"观［J］. 中国环境管理，2015，7（04）：21-24.

　　［153］李善同，刘勇. 环境与经济协调发展的经济学分析［J］. 北京工业大学学报（社会科学版），2001（03）：1-6.

　　［154］杨林，陈书全. 资源、环境与经济共生的制度约束与制度创新研究［J］. 税务与经济（长春税务学院学报），2005（04）：26-29.

　　［155］王丽霞. 环境保护与经济可持续发展融合共生策略研究［J］. 经济管理文摘，2020（04）：168-170.

　　［156］Porter M E，Linde C V. Toward a New Conception of the Environment – Competitiveness Relationship［J］. Journal of Economic Perspectives，1995，9（04）：97-118.

　　［157］刘传江，赵晓梦. 强"波特假说"存在产业异质性吗？——基于产业碳密集程度细分的视角［J］. 中国人口·资源与环境，2017，27（06）：1-9.

　　［158］李静，沈伟. 环境规制对中国工业绿色生产率的影响——基于波特假说的再检验［J］. 山西财经大学学报，2012，34（02）：56-65.

　　［159］蔡宁，吴婧文，刘诗瑶. 环境规制与绿色工业全要素生产率——基于我国30个省市的实证分析［J］. 辽宁大学学报（哲学社会科学版），2014，42（01）：65-73.

　　［160］孙玉阳，宋有涛，杨春荻. 环境规制对经济增长质量的影响：促进还是抑制？——基于全要素生产率视角［J］. 当代经济管理，2019，

41（10）：11-17.

[161] 张红霞，李猛，王悦．环境规制对经济增长质量的影响［J］．统计与决策，2020，36（23）：112-117.

[162] 何兴邦．环境规制与中国经济增长质量——基于省际面板数据的实证分析［J］．当代经济科学，2018，40（02）：1-10，124.

[163] 郭妍，张立光．环境规制对全要素生产率的直接与间接效应［J］．管理学报，2015，12（06）：903-910.

[164] 李春米，毕超．环境规制下的西部地区工业全要素生产率变动分析［J］．西安交通大学学报（社会科学版），2012，32（01）：18-22，28.

[165] 聂普焱，黄利．环境规制对全要素能源生产率的影响是否存在产业异质性？［J］．产业经济研究，2013（04）：50-58.

[166] 孙英杰，林春．试论环境规制与中国经济增长质量提升——基于环境库兹涅茨倒 U 型曲线［J］．上海经济研究，2018（03）：84-94.

[167] 陶静，胡雪萍．环境规制对中国经济增长质量的影响研究［J］．中国人口·资源与环境，2019，29（06）：85-96.

[168] 王雪峰，魏忠俊，陈辉．环境规制对经济增长质量的影响研究：以长株潭城市群为例［J］．商业经济，2020（03）：24-27，43.

[169] 李强，王琰．环境规制与经济增长质量的 U 型关系：理论机理与实证检验［J］．江海学刊，2019（04）：102-108.

[170] 殷宝庆．环境规制与我国制造业绿色全要素生产率——基于国际垂直专业化视角的实证［J］．中国人口·资源与环境，2012，22（12）：60-66.

[171] 刘和旺，左文婷．环境规制对我国省际绿色全要素生产率的影响［J］．统计与决策，2016（09）：141-145.

[172] 蔡乌赶，周小亮．中国环境规制对绿色全要素生产率的双重效应［J］．经济学家，2017（09）：27-35.

[173] 李玲，陶锋．中国制造业最优环境规制强度的选择——基于绿

色全要素生产率的视角 [J]. 中国工业经济，2012（05）：70-82.

　[174] 李斌，彭星，欧阳铭珂. 环境规制、绿色全要素生产率与中国工业发展方式转变——基于 36 个工业行业数据的实证研究 [J]. 中国工业经济，2013（04）：56-68.

　[175] 黄庆华，胡江峰，陈习定. 环境规制与绿色全要素生产率：两难还是双赢？[J]. 中国人口·资源与环境，2018，28（11）：140-149.

　[176] 王鲍顺. 浅谈生态环境高水平保护促进经济高质量发展的认识 [J]. 城市建设理论研究（电子版），2019（09）：160.

　[177] 刘凯，任建兰，张宝雷. 黄河三角洲人地系统脆弱性演化特征及其影响因素 [J]. 经济地理，2019，39（06）：198-204.

　[178] 赵荣钦. 黄河流域生态保护和高质量发展的关键：人地系统的优化 [J]. 华北水利水电大学学报（自然科学版），2020，41（03）：1-6.

　[179] 王春益. 以习近平生态文明思想为指导推进黄河流域生态保护和高质量发展 [J]. 中国生态文明，2020（01）：74-77.

　[180] 岳海珺. 淮河流域生态保护与经济高质量发展的耦合协调性测度与分析 [D]. 济南：山东财经大学，2022.

　[181] 党小虎，刘国彬，赵晓光. 黄土丘陵区县南沟流域生态恢复的生态经济耦合过程及可持续性分析 [J]. 生态学报，2008，28（12）：6321-6333.

　[182] 高阳，冯喆，王羊，等. 基于能值改进生态足迹模型的全国省区生态经济系统分析 [J]. 北京大学学报（自然科学版），2011，47（06）：1089-1096.

　[183] 孙继琼. 黄河流域生态保护与高质量发展的耦合协调：评价与趋势 [J]. 财经科学，2021（03）：106-118.

　[184] 刘建华，黄亮朝，左其亭. 黄河流域生态保护和高质量发展协同推进准则及量化研究 [J]. 人民黄河，2020，42（09）：26-33.

　[185] 张力隽，白云龙，田林，等. 沿黄城市群生态保护与高质量发

展协同度研究［J］．人民黄河，2022，44（04）：15-19．

［186］王渊钊．黄河流域宁夏段生态环境保护与高质量发展耦合协调度研究［D］．兰州：西北民族大学，2022．

［187］冯小丽．中国经济高质量发展与生态环境保护协调发展研究［D］．沈阳：辽宁大学，2022．

［188］王丽娜，张玉宗．河南省经济高质量发展与生态环境保护的联动耦合路径研究［J］．统计理论与实践，2021（07）：36-45．

［189］张建威，黄茂兴．黄河流域经济高质量发展与生态环境耦合协调发展研究［J］．统计与决策，2021，37（16）：142-145．

［190］师博，范丹娜．黄河中上游西北地区生态环境保护与城市经济高质量发展耦合协调研究［J］．宁夏社会科学，2022（04）：126-135．

［191］金凤君，马丽，许堞．黄河流域产业发展对生态环境的胁迫诊断与优化路径识别［J］．资源科学，2020，42（01）：127-136．

［192］马丽，田华征，康蕾．黄河流域矿产资源开发的生态环境影响与空间管控路径［J］．资源科学，2020，42（01）：137-149．

［193］杨开忠，董亚宁．黄河流域生态保护和高质量发展制约因素与对策——基于"要素—空间—时间"三维分析框架［J］．水利学报，2020，51（09）：1038-1047．

［194］安树伟，李瑞鹏．黄河流域高质量发展的内涵与推进方略［J］．改革，2020（01）：76-86．

［195］陈晓东，金碚．黄河流域高质量发展的着力点［J］．改革，2019（11）：25-32．

［196］金凤君．黄河流域生态保护与高质量发展的协调推进策略［J］．改革，2019（11）：33-39．

［197］郭晗．黄河流域高质量发展中的可持续发展与生态环境保护［J］．人文杂志，2020（01）：17-21．

［198］张震，石逸群．新时代黄河流域生态保护和高质量发展之生态法治保障三论［J］．重庆大学学报（社会科学版），2020，26（05）：

167-176.

［199］薛澜，杨越，陈玲，董煜，黄海莉．黄河流域生态保护和高质量发展战略立法的策略［J］．中国人口·资源与环境，2020，30（12）：1-7.

［200］赵悦彤，陶树美．推动黄河流域生态保护与高质量发展路径探析［J］．焦作大学学报，2022，36（02）：73-77.

［201］朱永明，杨姣姣，张水潮．黄河流域高质量发展的关键影响因素分析［J］．人民黄河，2021，43（03）：1-5，17.

［202］任保平，杜宇翔．黄河中游地区生态保护和高质量发展战略研究［J］．人民黄河，2021，43（02）：1-5.

［203］钞小静．推进黄河流域高质量发展的机制创新研究［J］．人文杂志，2020（01）：9-13.

［204］刘贝贝，左其亭，刁艺璇．绿色科技创新在黄河流域生态保护和高质量发展中的价值体现及实现路径［J］．资源科学，2021，43（02）：423-432.

［205］刘琳轲，梁流涛，高攀，等．黄河流域生态保护与高质量发展的耦合关系及交互响应［J］．自然资源学报，2021（01）：176-195.

［206］Baumol W J, Oates W E. The Theory of Environmental Policy［M］. Cambridge：Cambridge University Press, 1988.

［207］Norgaard R B. Economic Indicators of Resource Scarcity：A Critical Essay［J］. Journal of Environmental Economics and Management, 1990, 19（01）：19-25.

［208］刘耀彬，李仁东，宋学锋．中国城市化与生态环境耦合度分析［J］．自然资源学报，2005（01）：105-112.

［209］韩君，韦楠楠，颜小凤．黄河流域生态保护和高质量发展的协同性测度［J］．兰州财经大学学报，2021，38（01）：45-59.

［210］梁流涛．经济增长与环境质量关系研究——以江苏省为例［J］．南京农业大学学报（社会科学版），2008（01）：20-25.

［211］马丽，金凤君，刘毅．中国经济与环境污染耦合度格局及工业结构解析［J］．地理学报，2012，67（10）：1299-1307.

［212］陈炳，曾刚，曹贤忠，等．长三角城市群生态文明建设与城市化耦合协调发展研究［J］．长江流域资源与环境，2019，28（03）：530-541.

［213］钱丽，陈忠卫，肖仁桥．中国区域工业化、城镇化与农业现代化耦合协调度及其影响因素研究［J］．经济问题探索，2012（11）：10-17.

［214］姜磊，柏玲，吴玉鸣．中国省域经济、资源与环境协调分析——兼论三系统耦合公式及其扩展形式［J］．自然资源学报，2017，32（05）：788-799.

［215］李强，韦薇．长江经济带经济增长质量与生态环境优化耦合协调度研究［J］．软科学，2019（05）：117-122.

［216］康慕谊．城市生态学与城市环境［M］．北京：中国计量出版社，2003：115-122.

［217］唐晓华，孙元君．环境规制对区域经济增长的影响：基于产业结构合理化及高级化双重视角［J］．首都经济贸易大学学报，2019，21（3）：72-83.

［218］干春晖，郑若谷，余典范．中国产业结构变迁对经济增长和波动的影响［J］．经济研究，2011，518（05）：4-16，31.

［219］龙海明，姜辉，蒋鑫．金融发展影响产业结构优化的空间效应研究［J］．湖南大学学报（社会科学版），2020，34（02）：42-48.

［220］上官绪明，葛斌华．科技创新、环境规制与经济高质量发展——来自中国278个地级及以上城市的经验证据［J］．中国人口·资源与环境，2020，30（6）：95-104.

［221］崔婉君．产业结构影响碳排放效率的理论机制与实证研究［D］．杭州：浙江工商大学，2017.

［222］宁论辰，郑雯，曾良恩．2007~2016年中国省域碳排放效率评

价及影响因素分析——基于超效率 SBM-Tobit 模型的两阶段分析［J］．北京大学学报（自然科学版），2021，57（01）：181-188.

［223］薛俊宁，吴佩林．技术进步、技术产业化与碳排放效率——基于中国省际面板数据的分析［J］．上海经济研究，2014（09）：111-119.

［224］弓媛媛，周俊杰．环境规制、产业结构优化与经济高质量发展——以黄河流域沿线地级市为例的研究［J］．生态经济，2021，37（09）：52-60.

［225］吕德胜，王珏，程振．黄河流域数字经济、生态保护与高质量发展时空耦合及其驱动因素［J］．经济问题探索，2022（08）：135-148.

［226］任保平，宋敏，高林安，等．黄河流域生态环境保护与高质量发展报告（战略篇）［M］．西安：西北大学出版社，2021：42.

［227］郝宪印，袁红英．黄河流域蓝皮书：黄河流域生态环境保护与高质量发展报告（2021）［M］．北京：社会科学文献出版社，2021：48.

［228］郑晓，郑垂勇，冯云飞．基于生态文明的流域治理模式与路径研究［J］．南京社会科学，2014（04）：6.

［229］钞小静，周文慧．黄河流域高质量发展的现代化治理体系构建［J］．经济问题，2020（11）：1-7.

［230］李萌．黄河流域生态环境区域协同治理需要新思路［EB/OL］．中国发展观察，http：//www.chinado.cn/？p＝10106，2020-11-01/2022-06-30.

［231］林建华，周怀雪，李丹．黄河流域高质量发展的战略研究：黄河流域高质量发展的主题功能区建设［M］．北京：中国经济出版社，2020：86.

［232］李亚飞．黄河水，为啥少了？［EB/OL］．瞭望智库，https：//export.shobserver.com/baijiahao/htm l/481914.html，2022-05-05/2022-08-02.

［233］蔡治国．推进污水资源化利用助力黄河流域高质量发展［EB/OL］．中国环境报，http：//www.ce.cn/cysc/newmain/yc/jsxw/202206/

23/t20220623_37786881. shtml，2022-06-23/2022-08-02.

　　［234］任保平，师博，等．黄河流域高质量发展的战略研究［M］．北京：中国经济出版社，2020：352.

　　［235］金碚．长江经济带：区域协调性均衡发展——评《推动长江经济带发展重大战略研究》［N］．新华日报，2022-06-24（12）.

　　［236］徐勇，王传胜．黄河流域生态保护和高质量发展：框架、路径与对策［J］．中国科学院院刊，2020，35（07）：875-883.

　　［237］数字规划研究院．黄河流域九省区政府工作报告分析（2022）［R］．中研智业集团，2022-05-13.

　　［238］刘生龙，胡鞍钢．交通基础设施与中国区域经济一体化［J］．经济研究，2011（03）：72-82.

　　［239］国务院．国务院关于印发全国主体功能区规划的通知：全国主体功能区规划——构建高效、协调、可持续的国土空间开发格局［EB/OL］．http：//www. gov. cn/zhengce/content/2011-06/08/content_1441. htm，2011-06-08/2022-08-02.

　　［240］方雷．地方政府学概论［M］．北京：中国人民大学出版社，2015.

　　［241］任保平，邹起浩．黄河流域高质量发展的空间治理体系建设［J］．西北大学学报（哲学社会科学版），2022，52（01）：47-56.

　　［242］周刚炎．莱茵河流域管理的经验和启示［J］．水利水电快报，2007（05）：28-31.

　　［243］王思凯，张婷婷，高宇，等．莱茵河流域综合管理和生态修复模式及其启示［J］．长江流域资源与环境，2018，27（01）：215-224.

　　［244］翁鸣．莱茵河流域治理的国际经验——从科学规划和合作机制的视角［J］．民主与科学，2016（06）：39-43.

　　［245］黄燕芬，张志开，杨宜勇．协同治理视域下黄河流域生态保护和高质量发展——欧洲莱茵河流域治理的经验和启示［J］．中州学刊，2020（02）：18-25.

　　［246］张婉陶．莱茵河污染治理对中国河流治理的启示［J］．河北

科技师范学院学报（社会科学版），2019，18（03）：125-128.

［247］孙博文，李雪松．国外江河流域协调机制及对我国发展的启示［J］．区域经济评论，2015（02）：156-160.

［248］汪一鸣．美国田纳西河流域地区综合开发与城镇化［J］．世界地理研究，2013，22（03）：49-56.

［249］谈国良，万军．美国田纳西河的流域管理［J］．中国水利，2002（10）：157-159.

［250］孙前进．美国田纳西河流域的电力开发（1933-1983年）［D］．重庆：西南大学，2010.

［251］郑守仁.21世纪长江治理开发与流域可持续发展［J］．三峡大学学报（自然科学版），2004（02）：97-103.

［252］文传浩，林彩云．长江经济带生态大保护政策：演变、特征与战略探索［J］．河北经贸大学学报，2021，42（05）：70-77.

［253］李忠，刘峥延，金田林．未来一段时期推动长江经济带绿色高质量发展的政策建议［J］．中国经贸导刊，2021（09）：54-57.

［254］崔海灵．以"智慧长江"建设推进长江大保护的思考与建议［J］．长江技术经济，2019，3（04）：103-108.

［255］张贡生．黄河经济带建设：意义、可行性及路径选择［J］．经济问题，2019（07）：123-129.

［256］王红艳．欧洲跨界河流共治实践及对推进水治理现代化的启示［J］．国外社会科学，2022（01）：144-153，199-200.

［257］王永桂，张潇，张万顺．基于河长制的流域水环境精细化管理理念与需求［J］．中国水利，2018（04）：26-28.

［258］成卓，金铁鹰．新冠疫情后经济发展新动能研究［J］．中国物价，2023（01）：30-32.

［259］庞昌伟．绿色转型开创中国能源国际合作新格局［J］．人民论坛，2022，741（14）：42-45.

［260］何欣，张雪峰，谷素华．黄河流域经济与生态环境协同发展的研

究评述［J］.内蒙古大学学报（自然科学版），2021，52（06）：663-672.

［261］刘泉红."十四五"时期我国现代市场体系建设思路和关键举措［J］.经济纵横，2020（05）：66-75.

［262］李媛，任保平.黄河流域地方政府协同发展合作机制研究［J］.财经理论研究，2022（01）：23-31.

［263］薛澜，杨越，陈玲，等.黄河流域生态保护和高质量发展战略立法的策略［J］.中国人口·资源与环境，2020，30（12）：1-7.

［264］王东.黄河流域水污染防治问题与对策［J］.民主与科学，2018（06）：24-25.

［265］任保平.黄河流域生态环境保护与高质量发展的耦合协调［J］.人民论坛·学术前沿，2022（06）：91-96.

［266］王兴明.产业发展的协同体系分析——基于集成的观点［J］.经济体制改革，2013（05）：102-105.

［267］刘若江，金博，贺姣姣.黄河流域绿色发展战略及其实现机制研究［J］.西安财经大学学报，2022，35（01）：15-27.

［268］王德凡.内在需求、典型方式与主体功能区生态补偿机制创新［J］.改革，2017（12）：93-101.

［269］吴平.生态补偿的实际运作观察［J］.改革，2017（10）：71-74.

［270］廖建凯，杜群.黄河流域协同治理：现实要求、实现路径与立法保障［J］.中国人口·资源与环境，2021，31（10）：39-46.

后　记

　　生态环境问题归根结底是低质量发展带来的，只有通过高质量发展才能得到解决。中国特色社会主义进入了新时代，中国经济发展也进入了新时代。推动高质量发展，既是保持经济持续健康发展的必然要求，也是适应中国社会主要矛盾变化和全面建成小康社会、全面建设社会主义现代化国家的必然要求，更是遵循经济规律发展的必然要求。新时代加快推进中国经济高质量发展，首要的就是坚持和贯彻绿色发展理念，正确处理经济发展和生态保护的关系，着力实现绿水青山与金山银山的有机统一，坚持在发展中保护，在保护中发展，以经济高质量发展助推美丽中国建设。

　　黄河流域在中国的历史文化、经济发展以及地理位置各方面都有着举足轻重的地位，是中华民族的发源地、重要的经济地带、能源基地和生态屏障，具有重要的生态价值和经济战略地位。2019年9月18日，习近平总书记在黄河流域生态保护和高质量发展座谈会上强调，黄河流域在中国经济社会发展和生态安全方面具有十分重要的地位，推动黄河流域生态保护和高质量发展，是事关中华民族伟大复兴的千秋大计。但随着经济快速发展，受制于生态资源有限、地理环境约束等因素，黄河流域经济发展水平滞后且差距大、水资源紧缺、用水结构和方式不合理、流域生态环境脆弱、资源环境承载力严重不足、贫困地区较为集中、产业结构失衡、发展新动力不足等仍然是黄河流域高质量发展面临的主要难题，导致黄河流域高质量发展后劲不足。因此，黄河流域高质量发展要以保护为先，走以绿色发展为导向的高质量发展道路，"共同抓好大保护，协同推进大治理"，推进黄河流域生态保护与高质量发展的协同发展，真正实现全流域大协同、大保护，让黄河成为造福人民的幸福河。

为了探索黄河流域高质量发展的突破口和新契机，并实现生态保护和经济高质量发展的双轮驱动，作者依托国家社会科学基金项目"环境规制促进经济高质量发展的作用机制、效应测度及政策路径研究"和河南财经政法大学华贸金融研究院 2021 年度科研项目"黄河流域环境保护与经济高质量发展融合研究"，针对黄河流域高质量发展对资源利用和生态保护面临的发展困境，探究流域生态保护和高质量发展融合的路径。

本书的章节结构是经过与课题组成员的多次讨论后定下来的。在讨论的过程中，我们以推动黄河流域生态保护和高质量发展重大国家发展战略为契机，立足于党中央对新时代黄河流域发展大局的科学定位以及黄河流域生态环境保护和高质量发展不协调的现实，以黄河流域九省区为研究对象，以保护流域生态脆弱性、提升流域高质量发展水平为切入点，按照"提出问题—分析问题—解决问题"的思路，全面系统地研究黄河流域生态保护和高质量发展融合的战略政策、现实选择、理论基础、研究基础、效应测度、驱动机制、经验借鉴及路径选择，回答了黄河流域生态保护和高质量发展"为何融合""是否融合"以及"如何融合"的问题。从全书的目录可以看出，全书结构合理、逻辑性强、内容充实、论证充分，这离不开全体课题组成员、同事、朋友以及学生们的帮助和支持，感谢湖南信息学院谢卫卫、西安交通大学丁昱文博士、东北财经大学赵河清、中南财经政法大学刘昕、西南交通大学刘格格、暨南大学聂弯弯、首都师范大学科德学院弓祺乐、郑州航空工业管理学院范晓霏和河南财经政法大学程志北和靳哲明。没有他们高效而成功的研讨、宝贵的修改意见和无私的校对帮助，作者不可能顺利完成书稿的撰写。本书在写作的过程中也遇到了很多意料不到的问题，例如新冠疫情拖延了书稿的撰写进度，黄河流域地级市的部分数据由于统计口径发生变化而导致数据收集困难等问题。正是家人、朋友、同事以及学生的帮助与支持，才顺利完成书稿的撰写。同时，也要感谢所有读者，你们的支持和鼓励激励着我继续前进。

　　希望这本书能够为读者提供一些思考和启发，以更好地推动黄河流域生态保护和高质量发展融合研究。当然，囿于作者的知识储备和学术写作能力有限，书中可能存在一些不足，望广大读者批评指正。本书是黄河流域生态保护和高质量发展融合研究的起点，期待更多志同道合的人参与到相关研究中来，更好地推动黄河流域生态保护和高质量发展的融合。

弓媛媛
2023 年 3 月 21 日